Notus

ヒトとヒグマ

―狩猟からクマ送り儀礼まで

増田隆一
Ryuichi Masuda

Boreas

Zephyrus

岩波新書
2059

はじめに

世界的に見ても、ヒグマほど時代と地域を超えて、ヒトの文化や生活にかかわってきた野生動物はいないといってよいだろう。ヒグマは、ヒトとの物理的な距離こそ遠くありたい動物だが、精神文化的には極めて近くて深遠な動物である。その理由は何であろうか。

一方、日本ではヒグマは北海道に生息しているが、明治以降の農地や市街地の拡大など人間活動の急激な増大にともない、ヒトとの間で種々の摩擦が生じていることも事実である。最近では住居近くに出没したヒグマを対象として有害獣駆除を行わざるを得ない状況にあるが、ハンターの減少や市街地での駆除のあり方について議論されている。

私たちがこのような現代社会で直面している課題を考えるうえでも、ヒグマとはどんな進化をたどってきた生き物であるか、そして、古来より、人々はヒグマとどのようにかかわり合い、文化のなかで交流してきたかを明らかにし、理解することは極めて重要なことである。

本書の前半では、まず、ヒグマの動物学的・生態学的な特徴から説き起こす(第1章、第2章)。さらに、動物地理学・分子系統進化学の知見から、ヒトとヒグマのダイナミックな大陸移動と出会いの歴史をたどる(第3章)。

ヒグマは、津軽海峡(生物地理境界線としてブラキストン線とも呼ばれる)から見た北側の北海道、クナシリ、エトロフ、サハリン、そしてシベリアを含むユーラシア大陸、および北米大陸を合わせた北半球に広く分布している。このような寒冷な亜寒帯気候に適応して、そのからだつきはずんぐりむっくりしている大型動物である。

初冬から春先まで、雪に覆われた森林の土中や樹木の根元の穴で冬眠し、春に目覚め地上に出てくる。かれらは、食肉目に分類される哺乳類だが、サケ・マスや昆虫類のほか、ヒトが山菜としている植物を同じように好んで摂取する雑食性であるため、高い適応力をもち多様な自然環境で生活できる。

ヒグマの主な生活の場である森林生態系では、果実を食すことにより種子散布者となる一方、河川をさかのぼってきたサケ・マス類を捕食したり、海岸に打ち上げられた海獣類を食すため、海洋生態系との物質循環における運搬者でもある。ヒグマは生態系の頂点に立ち、食物連鎖における一次から高次までの消費者となり、生態系の重要な一員としての役割を担っている。

さらに、本書の後半では、ヒトとヒグマの精神文化的な関係とその発展の経緯をたどる。自然生態系に生き、近づきがたい野生動物ヒグマに、なぜヒトは文化的に近づき共存することになったのか？　これは大変興味深い問いである。両者の間の精神文化的な関係について、これまでの知見に加え、私の考えを紹介していきたい。

ユーラシア大陸において、現生人類（ホモ・サピエンス）とヒグマとの出会いは、偶然的かつ運命的なものであったといえるだろう。そして、この出会いが、北半球の先住民族において、狩猟からクマ送りという儀礼（狩猟型および仔グマ飼育型）を生み、そしてクマに対する価値観の共有が人々の絆を強めるに至った（第4章）。

日本のアイヌ文化では、仔グマ飼育型クマ送り儀礼は「イオマンテ（または、イヨマンテ）」と呼ばれ、ヒグマを山の神「キムンカムイ」として畏敬の念をもって崇めてきたことは、昨今のアイヌ文化の再評価で広く知られている。

新旧大陸間で共通して、ヒグマが地上界（人間界）と天上界（カムイ界）の間を往来するメッセンジャー（伝令者）としてとらえられてきたことは極めて興味深いことであるが、その理由は何であろうか。

さらに、ヒグマが生息する北半球の亜寒帯という自然環境の共通性とヒグマの存在が、ヒトの精神的な象徴として、神話・民話・昔話ならびに多様な文化を生み出してきたと考えられる（第５章）。

最後に、ヒグマと自然、ヒトの文化とのかかわり合いを考えることを文理融合型の学際的な「ヒグマ文化論」としてとらえる（終章）。

私が所属する北海道大学では、新入生を対象とした全学教育授業「ヒグマ学入門」が開講されてきた。ヒグマ文化論に通ずるヒグマ学は、自然科学や社会科学の垣根を超えて、自然－生態システムを尊重する人間社会のあり方、さらには、アイヌ文化の理解、世界の多文化社会の理解にもつながる学際的な分野である。

では、みなさんをヒトとヒグマとの出会いの歴史、そして精神文化の交流の世界にご招待することにしよう。

目　次

第1章 ヒグマとはどんな動物か

1　ヒグマは陸生の大型食肉類

形態的特徴

ヒグマ(図1-1)は、陸上に生息する大型食肉類である。食肉類とは、哺乳類のなかで、食肉目に分類される動物群のことである。ライオンやトラなどのネコの仲間も食肉類に含まれる。

クマの仲間(クマ科)ではホッキョクグマが最大で、ヒグマは二番目に大型である。日本列島に生息する哺乳類のなかでは、ヒグマは最大の動物である。

外観上、ヒグマの全身は茶褐色の体毛に覆われているが、その体毛色には地理的変異が見られる。地域によってはより暗褐色であったり、黄土色のような淡褐色のものもいる。首の周囲に白い月の輪模様をもっているものもいる。体の大きさや形にも多様性が見られる。

体重には季節変動があり、通常、秋には最大となる。その理由は、後述するように冬眠にそなえて栄養分を摂取するためである。また、地域間でも多様性が大きい。概して述べるのも難しいが、オス成獣の体重は一三五～三九〇キログラムであるのに対し、メス成獣では九五～二〇五キログラムと記載されている(Stirling 1993)。成獣の体長は二メートル前後であるが、もっと大型のものも報告されている。北海道に生息するヒグマは、大陸のヒグマに比べて小型である(米田・阿部 1976)。

同じ地域集団において、同じ年齢で比較すると、ヒグマのオスはメスよりも大型である。このような雌雄間の特徴のちがいを「性的二型」という。性的二型には、体のサイズだけではなく、毛色、鳴き声、行動などの雌雄間の違いも含まれる。身近な動物では、鳥類のニワトリやクジャクの体サイズ・羽色やトサカの大小、昆虫のカブトムシのオスにあるツノやクワガタのオスの大きなアゴは性的二型の典型的な例である。後述するが、クマの仲間では、一般的にオスの行動圏がメスよりも広いが、それも性的二型といってもよいだろう。

図 1-1　知床のヒグマ．母グマと 2 頭の仔グマ．知床財団・山中正実氏撮影．

ヒトに類似した体勢

ヒグマは、しばしばヒトの動きに似た行動やしぐさをする。通常は四肢で歩行しているが、前足ではつま先から手首まで、後ろ足ではつま先から踵まで地面に着地して歩行する。この歩行様式を蹠行性(しょこうせい)という。直立二足歩行をするヒトの成人も蹠行性である。ヒグマが木の実を取ったり、背こすりするために二本足で立ち上がった時には、後ろ足は蹠行性のままなので、ヒトの立ち姿とよく似ているように見える。

また、ヒグマの尾は短く、成獣の体サイズはヒトより大きいが、全般的な形態はヒトに近い。私は、有害獣駆除で捕獲されたヒグマの解体作業現場に立ち会ったことがある。その際、毛皮を剥がされ、白い皮下脂肪に覆われたヒグマの全身の姿は、遠くから見たらヒトと見間ちがえられるのではないか、と思われたほどである。「ヒグマは毛皮を着たヒトである」という古来の考え方もあるが、その所以はわかるような気がする。

2　どこに分布しているのか

寒冷地への適応

ヒグマは、ユーラシアと北米を含む北半球の広い地域に分布している(図1-2)。ヨーロッパ、シベリア、中近東、中央アジア、チベット高原、極東、そして、アラスカ、カナダ、ロッキー

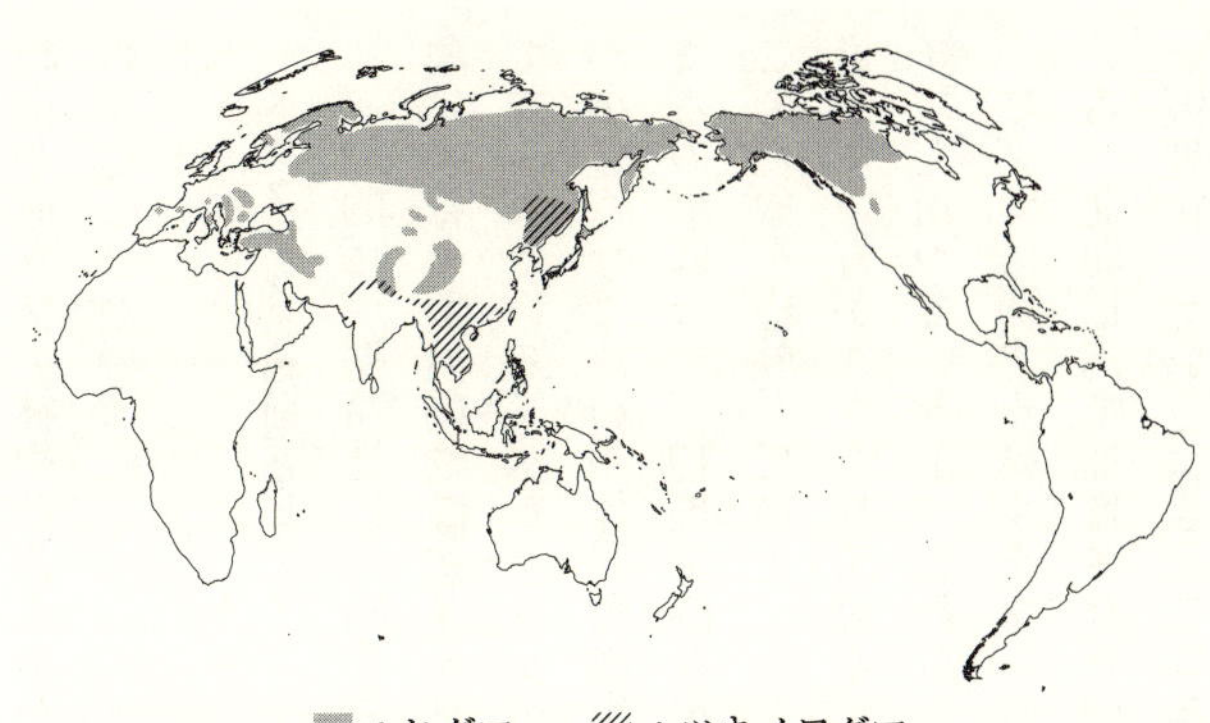

図 1-2　ヒグマとツキノワグマの世界的な分布図．Servheen et al.(1999)より．

山脈に及んでいる。

この広大な地域は、地球規模で見ると、極地の南側を取り囲む亜寒帯にほぼ相当する。

日本列島では北海道、その北のサハリンや大陸の沿海地方にヒグマは分布している。千島列島では南部のクナシリ島およびエトロフ島に生息する一方、その北の中部千島には分布しないが、北千島のパラムシル島、そしてカムチャツカ半島に分布する。

よって、ユーラシア極東域における現在のヒグマ分布の南限の一部は北海道であり、津軽海峡の南に位置する本州には分布していない。一方、本州からは、更新世末期のヒグマ化石についてこれまでに十八例ほどの出土記録がある(高桒ほか 2007)。更新世が終わり縄文期に入ると、本州のヒグマは絶滅したと考えられている。その理由は不明であるが、縄文期の本州では温暖化が進みブナ林や針葉樹林が減少したことから、ヒグマはその自然環境に適応できなかったのかもしれない。

ベルクマンの規則とヒグマ

一般的に、寒冷地に分布するヒグマほど体サイズが大型化することが知られている。この現象は多くの恒温動物(哺乳類と鳥類)における寒冷地への適応として、「ベルクマンの規則」として知られている。ベルクマンの規則とは、体重(体積)を増すことにより、体重あたりの表面積が小さくなるため、体温の放出を減少させているというものである。また、動物だけに当てはまるのではなく、物理学的な現象を説明するものでもある。私たちの普段の生活においても、この現象を経験している。たとえば、ヤカンに沸騰させたお湯を入れたまま放置した場合、湯量が多い方がゆっくり冷めること、大きい氷よりも小さい氷の方が早く融けることを私たちは経験上知っているが、これらはベルクマンの規則によって説明できる。

ヒグマに関するベルクマンの規則は、北海道という狭い島のなかでも成り立つと考えられている。北海道内で捕獲された同じ年齢の頭骨の計測値を比較すると、南方より北方の個体の方が大型化している(Ohdachi et al. 1992)。もちろん、地域によって餌資源が異なることによる影響も否定できない。いずれにしても、函館、札幌、稚内という三か所のヒグマの大きさを比べると、函館が最小、稚内で最大、そして札幌は中間となる（図1-3）。

また、本章4節で述べるように、世界に分布するクマ科は八種に分類されるが、北極圏に生息するホッキョクグマが最大で、亜寒帯に分布するヒグマは二番目に大きく、熱帯に生息するマレーグマは最小であることも、ベルクマンの規則で説明される。

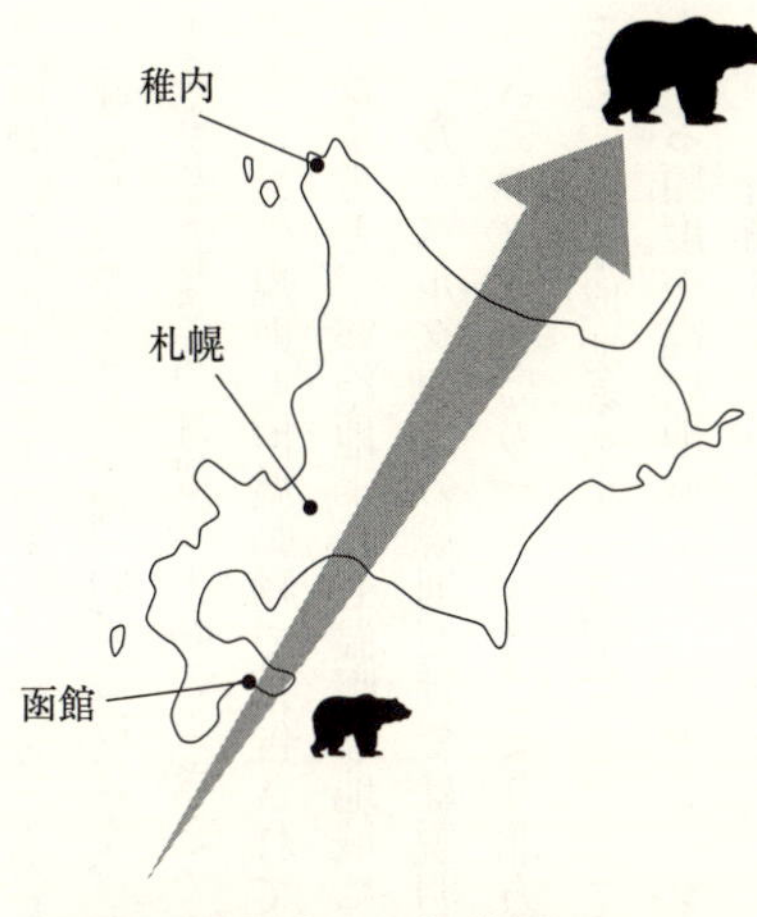

図1-3　北海道のヒグマ集団はベルクマンの規則に従って適応進化している．北の寒冷地に生息するヒグマほど大型化する．

アレンの規則と寒冷地適応

さらに、寒冷地への適応の別の例として、「アレンの規則」が知られている。これは、寒冷地の動物ほど、耳（耳殻）や四肢など胴体から出た部分が太く短くなる傾向があるというものである。つまり、寒冷地の哺乳類ほど、ずんぐりむっくりした体型となり、体温の放出を防いで低温に適応しているのである。たとえば、北極圏に分布するホッキョクギツネの耳殻は小さく、アフリカの砂漠に分布するフェネック(と呼ばれるキツネの仲間)の耳殻は長く、温帯に生息するアカギツネ(日本のキタキツネやホンドギツネも含まれる)の耳殻は中間の大きさであることが知られている。ただし、ベルクマンの規則もアレンの規則も恒温動物で報告されている現象であり、昆虫などの変温動物では、近縁種を比較すると、寒冷地よりも温暖な地域に分布する種ほど大型化する傾向にある。

一方、ベルクマンの規則だけでは説明できないケースもある。たとえば、アラスカ沿岸部やカムチャツカ半島のヒグマは、より北方に分布するヒグマよりも体サイズが大型で(米田・阿部 1976)、繁殖成功率や生息密度も高いことが知られている。これは、遡上するサケ・マスを捕食する頻度が高い地域では、高タンパク質の餌資源量が得られることが関連しているのではないかと指摘されている(山中 2020)。

このように、ヒグマの体サイズの地理的勾配は、ベルクマンの規則や餌資源量により説明されており、おそらく両方が複雑に関わっているものと思われる。

ヒグマの異なる系統が地理的に分かれて分布

ヒグマという種(*Ursus arctos*)は、地域集団の特徴によって様々な分け方がなされてきた。地理的な形態の違いや分布域から種内変異(種より一段階下位の亜種)が報告されることが多いが、亜種分類は研究者によって様々であることが多い。その一つとして、世界のヒグマは十五の亜種に分類されることがある(Wozencraft 2005)。北海道のヒグマの亜種の学名は *yesoensis* または *lasiotus* で、和名はエゾヒグマである。

一方、最近ではDNAデータを用いて進化過程を探究する分子系統解析が行われ、各地の集団の系統関係が調べられている。DNAデータにも様々なものがあるが、これまでに世界的なヒグマ分布域から得られているデータは、ミトコンドリアDNAの遺伝情報(塩基配列)である。少なくとも五つのクレード(遺伝的系統といってもよい)が報告されている(参照 Hirata et al. 2013)。詳しくは第3章で述べるが、概説すると、クレード1と2はさらに二つのサブクレード(aとb)に分けられる。クレード1aはヨーロッパのイベリア半島およびスカンジナビア半島南部、クレード1bはイタリア半島・バルカン半島南部に分布している。ヨーロッパでは、ヒグマが絶滅した地域が多いため、現在では、これらのクレードが地理的に離れて分布しているように見える。

次に、クレード2aはアラスカ太平洋沿岸のABC群島(アドミラルティ島、バラノフ島、チチャゴフ島)に分布、そしてクレード2bはホッキョクグマとなる(詳細は後述する)。

クレード3はさらに細かく分かれ、クレード3a1は東ヨーロッパ、シベリア、サハリン、西アラスカに広く分布する。クレード3a2は北海道中央部、クレード3bは北海道東部、クナシリ島、エトロフ島、東アラスカに分布する。

そして、クレード4が北海道南部とロッキー山脈、クレード5がチベット高原に分布する(参照 図3-1)。

興味深いことは、クレード3やクレード4のように、一つのクレードがユーラシアと北米の両方に分布するなど、地理的に連続して分布しているとは限らない点である。さらに、広域にわたり細かく調べると、クレード3bがユーラシア内陸部のコーカサス地方やアルタイ地方にも分布していることが明らかになった(Hirata et al. 2014)。また、イランなどの中東には別のクレードが分布していることが報告されている(Ashrafzadeh et al. 2016)。

ここでさらに注目したいことは、クレード2bがホッキョクグマの系統であることである。ホッキョクグマは分類上、ヒグマとは別種であるが、ミトコンドリアDNAの分子系統から見ると、ヒグマのなかのひとつの系統として含まれてしまうのである。これは、ヒグマとホッキョクグマが種分化したのち、または種分化の過程で交雑し、ホッキョクグマのなかで進化した本来のミトコンドリアDNAが消え去り、ヒグマのなかで進化したミトコンドリアDNAがホッキョクグマに固定されたこと（遺伝子移入または遺伝子浸透という）を物語っている。

3　どんな生活をしているのか

広大な分布域を獲得した要因

ヒグマが広大な分布域を獲得した要因として、主に以下の三つをあげることができる。①大きな体サイズをもち獰猛であること、②食性が雑食性であること、③冬眠すること。

まず、大きな体サイズをもち獰猛であるヒグマにはほとんど天敵はいない。頻度は高くないが、大型ネコ科のトラがヒグマを襲った例が報告されている（ブロムレイ 1972）。一方、ヒグマの幼獣は、大型ネコ科に加え、キツネ、オオカミなどの食肉類やワシ・タカ類の猛禽類の獲物になる可能性はあるが、母グマに守られているため捕食される頻度は低いと考えられる。

二つめの要因は、ヒグマの食性が雑食性であることである。事実、ヒグマは魚類、哺乳類、昆虫類、植物など様々な餌資源を摂取している。北海道の民芸品となっている木彫りグマは、しばしばサケを咥(くわ)えている。これは、夏から秋にかけて、群れをなして河川を遡上するサケやマスを前足や口を使って捕獲して食しているヒグマがモデルとなっている。明治以前には、北海道の全域で天然のサケ・マスが豊富に遡上していたため、このような光景が目撃されたことであろう。しかし、現在の北海道では、このような光景は、東部の知床半島の一部でしか見られなくなった。

ヒグマの食性分析

ヒグマの食性を調べるため、糞や胃の内容物をほぐし、肉眼や顕微鏡で観察することが行われてきた。さらに最近では、骨や体毛などの生物試料を使って、安定同位体分析が行われることがある。ここで、安定同位体分析と食性との関係を述べておきたい。

安定同位体は、同じ元素でも重さ(質量数)がわずかに異なる元素どうしのことをいう。ここでは詳細は述べないが、原子核の陽子数は互いに同じでも、中性子の数の違いが質量数の違いを生み出す。このような同位体を分析する技術も進み、ヒグマの研究にも取り入れられている。

たとえば、生物体を構成する元素の一つである炭素Cでは、そのほとんどは^{12}Cであるが、より重い安定同位体^{13}Cがわずかな割合(^{13}C比)で存在する。この^{13}C比は、ある環境に生息する生物に特有の値を示すことがわかっている。その一例として、北海道の野生植物の多くはC_3植物である。一方、農作物のトウモロコシの一種デントコーンは、C_3植物よりも^{13}C比が比較的高いC_4植物である。よって、デントコーンをたくさん食べたヒグマのからだには、より高い^{13}C比で炭素元素が吸収されることになる。

また、動物のタンパク質に多く含まれる窒素元素のほとんどは^{14}Nであるが、わずかに重い^{15}Nがある割合(^{15}N比)で存在する。よって、サンプルの骨や化石のなかからコラーゲンというタンパク質を抽出し、それに含まれる炭素や窒素の同位体の比率を相対的に比較すれば、上述のデントコーンや海生魚類をよく食べていたかどうかをある程度推定することができる。そのためには、餌資源となる可能性のある動植物の同位体比も事前に比較データとして取得しておく必要がある。

変化するヒグマの食性

説明が長くなったが、この原理に基づき、過去と現在のヒグマ骨の安定同位体が分析された(Matsubayashi et al. 2015)。北海道における縄文期以降の遺跡から出土したヒグマ骨などが分析された結果、東部のヒグマは、過去には約二〇パーセントの栄養素をサケから得ていたが、現代ではその半分以下に減少したという。また、食べていた陸生動物の肉の割合は、西部でも東部でも減少した。これらの変化は過去一〇〇～二〇〇年の間にすでに起こったものと考えられている。

クマとサケの関係は、何千年、何万年をかけて形成されてきたものであるが、ダムの設置による河川生態系の人為的改変、および孵化放流事業による河川下流部でのサケの捕獲による影響などが懸念されている(小泉 2020)。

現代のヒグマの食性

第2章で詳述するが、ヒグマは草食性に傾いた雑食性である。また、現在の北海道では、人間活動の影響を受け、主に草本を食す草食獣エゾシカが急増しており、生息域での餌資源について、ヒグマとの競合が起きている。エゾシカの個体数が増加すると、ヒグマは植物を十分食べられなくなるという問題が生じている。

一方、エゾシカの増加にともない自動車や列車との交通事故の件数も増加し、社会問題化している。そのため、交通事故により死亡し道路脇に放置された死体(ロードキル個体ともいう)やけがを負って野外で死亡した個体も増えている。さらに、ハンターによるシカの死体やその一部が野外に放置されることもある。冬季の積雪や低温に耐えられなくて死亡したシカ幼獣の死体も春先に野外で目撃される。このような状況のなか、ヒグマはシカ肉を食す機会が増え、肉食化している。そのため、肉食化したヒグマは、放牧されている家畜やヒトまでをも襲うようになっているのではないかと考えられている。

このようなヒグマの現状は、動物の食性が自然環境の変動に加え、人間活動によっても大きく影響を受けて変化することを示している。

クマは冬眠する大型哺乳類

三つめの要因は「冬眠」である。冬眠は、気温が低下し餌資源が少なくなる冬季を生き延びるために、いくつかの野生哺乳類が適応進化した結果の状態である。クマ科八種のなかで、冬眠する種は、北半球に生息するヒグマ、ホッキョクグマ、アメリカクロクマ、ツキノワグマである。ツキノワグマのなかでも、東南アジアの熱帯林に生息する集団は冬眠しない。

また、大陸極東南部に生息するヒグマやツキノワグマの間でも冬眠しない個体が一パーセント程いるという(ブロムレイ 1972)。このようなクマは「シドゥーン」または「シャトゥーン」と呼ばれ、冬眠中に猟師に穴から追い出されたり、何らかの理由により秋に十分な栄養を蓄えることができなかったことが理由であると考えられている。

さて、冬眠には二つのタイプがある。一つは、シマリスやジリスなどの小型げっ歯類に見られる冬眠で、樹洞や地下などを冬眠の場とし、体温を摂氏約五〜十度に低下させ（つまり通常の体温より三十度以上も低下）、エネルギー代謝を抑えている。しかし、数日ごとに中途覚醒と通常体温（約三十七度）に復帰することを繰り返し、覚醒時には摂食・摂水・排泄を行う。

一方、クマ類の冬眠は、主に地面の穴において、中途覚醒しないで数か月間、体温を摂氏三十度から三十五度の間に保ち、摂食・摂水・排泄を行わない。尿は膀胱に溜まり、濃縮された尿素からアミノ酸が生合成されていると考えられている。また、「止め糞」と呼ばれる直腸に溜まった排泄物のかたまりが形成されるが、冬眠中に排泄されないで、春に覚醒した際に排出される。このように、クマ類の冬眠の特徴は、小型げっ歯類のものと種々の点で異なっている（坪田 2023; 宮崎 2023）。

ヒグマやツキノワグマでは、一般的に、十一月下旬から十二月上旬に冬眠に入り、翌年の三月中旬から五月上旬に冬眠から目覚める。地域差や気候変動によって時期のずれはある。また、覚醒の順番があり、まず、オス、続いて単独のメス、最後に子連れメスである。また、クマの交尾は初夏に行われるが、妊娠したメスの子宮腔内において受精卵は胚盤胞という段階まで発生が進んだ後、しばらく休止する。これを「着床遅延」という。その後、冬眠に入る時期に着床し、再び発生が進み、冬眠中の一月下旬から二月上旬に出産を迎えることになる。なお、着床遅延はクマ類だけではなく、他の哺乳類においても起こることが知られている(坪田2023)。

このような冬眠は、第4章で述べるように、人々にヒグマの神秘性を感じさせるための大きな要因になったものと考えられる。

冬眠研究はヒトの医療につながる

冬眠は、クマやリスの特徴的な行動であり、動物生態学や行動学の研究対象となってきた。最近では、ヒトの代謝調節の医学的研究の対象としても注目されている。

たとえば、クマは冬眠前の秋季には飽食期に入り極度の肥満状態となるにもかかわらず、健康を保っている。これは、抹消組織においてインスリン(膵臓から分泌される血糖値を下げるホルモン)の感受性を維持し、血糖値を上げないようにしつつも、肝臓や脂肪組織における糖や脂質の取り込みおよび合成の活性を上げ、脂肪を蓄積している。このしくみを解明すれば、成人病などの予防や治療にも応用できるのではないかと考えられる(下鶴2023)。

また、冬眠中にクマは運動しないにもかかわらず、骨格筋の減少や身体機能が低下(この状態をヒトではサルコペニアという)することが少なく、長期の冬眠中でも身体機能を維持できる。つまり、数か月間の冬眠直後でも、リハビリをせずして即、運動できるのである。このしくみに関する生化学的研究が進められており、冬眠中のクマの骨格筋では、タンパク質の合成と分解を共に抑制することで、筋肉中のタンパク質量を保ち、筋機能の衰えを防いでいると考えられている(宮崎 2023)。

以上は関連する研究の一端ではあるが、生物学と医学の両面から、冬眠に関する研究が進展していくことが期待される。

行動圏の性差

クマ類の一般的な行動の特徴として、オスの広域性かつメスの狭域性が見られる。別の言葉でいうなら、メス定住性・オス移動性の繁殖パターンである。現在は変わりつつあるが、従来の日本社会では、男性定住性・女性移動性の婚姻形式の傾向が見られた。婚姻形式に関して、クマ社会と従来の日本人社会では逆の傾向であったといえるかもしれない。

なぜ、メスグマの行動圏が狭いのか？ エネルギーの経済から考えると、妊娠や子育てに時間と労力を要するメスは、あまり移動しない方がエネルギー効率がよい。また、前述したように、体形の性的二型も移動に関連していると思われるが、小型のメスは体の生命維持のためにエネルギーの負担を少なくできる(つまり、摂取する餌資源量を少なくすることができる)。オスは、移動や体形の維持にエネルギーが多くかかることになるが、その分、広範囲でメスと出会う機会が増えるので、繁殖の面からメリットがあるのだろう。いずれにしても、エネルギーの経済面から考えると、行動圏の性差もトレードオフの関係の上に成り立っているように思われる。

なお、第３章で詳述することになるが、メスの定住性は母系遺伝するミトコンドリアＤＮＡ系統の地理的分布に反映されている。また、オスの移動性は、父系遺伝するＹ染色体ＤＮＡタイプから見た進化からもうかがい知ることができる。北海道内のオスグマのＹ染色体ＤＮＡタイプを調べても、ミトコンドリアＤＮＡのような明瞭な地理的分布の違いは見られない(Hirata et al. 2017)。

４　ヒグマにはどんな仲間がいるのか

クマ科は八種――パンダもその一員

クマの分類については本章２節でも触れたが、もう少し詳細に述べると、ヒグマは、哺乳綱 Mammalia のなかで、食肉目 Carnivora、クマ科 Ursidae、クマ属 *Ursus*、ヒグマ種 *arctos* に分類され、属名と種名を使った二名法では、*Ursus arctos* と学名表記される。分類体系では、一般的に上位に向かうほど所属する種数は増える。食肉目にはクマ科の他に、ネコ科、イヌ科、イタチ科、マングース科、アザラシ科などが含まれる。

現生のクマ科は八種で構成されており、すでに本書に登場した種もいる。あらためて列挙すると、ヒグマ（分布は新旧大陸）、ホッキョクグマ（北極域）（図1-4）、アジアクロクマ（ツキノワグマとも呼ばれる。アジア東部から南部）（図1-5）、アメリカクロクマ（北米）、マレーグマ（東南アジア）、ナマケグマ（インド半島）、メガネグマ（南米アンデス）（第5章参照）、ジャイアントパンダ（中

図1-4　ホッキョクグマの親子. 123RF より.

図1-5　アジアクロクマ（ツキノワグマ）. 123RF より.

図1-6　ジャイアントパンダ. 123RF より.

国四川省)(図1-6)である。

クマ科全体の進化系統的関係については多くの研究がなされている。図1-7はその一例である(Yu et al. 2007)。

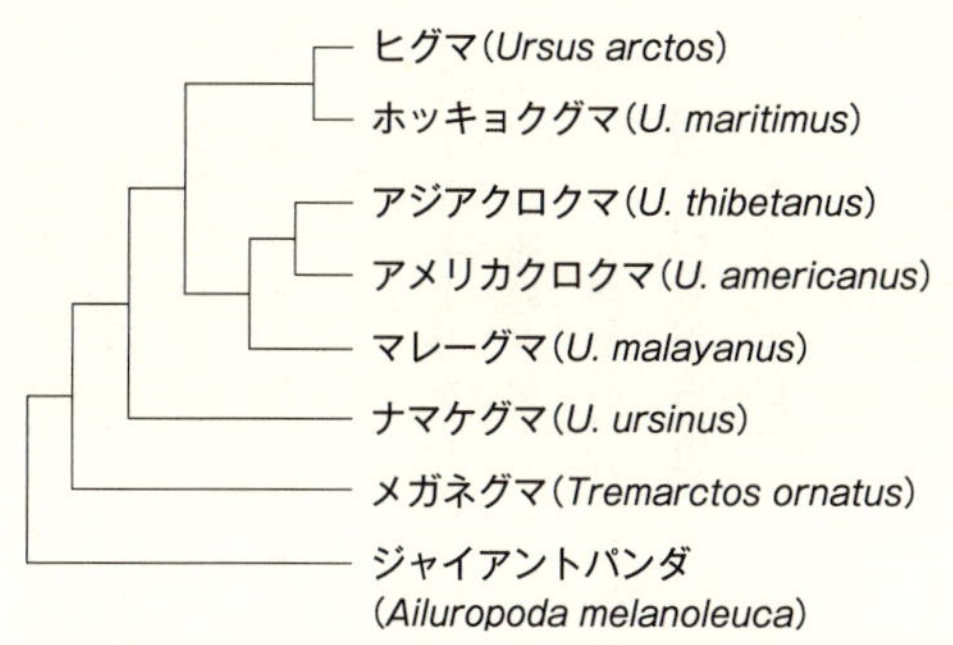

図1-7　ミトコンドリアDNA情報に基づくクマ科の系統関係．枝分かれの関係のみを示す．カッコ内は学名．Yu et al.(2007)より．

また、本章2節ですでに述べたように、ベルクマンの規則は、クマ科の種間でも成り立っている。すなわち、八種のうち、北極に生息するホッキョクグマは最大で、亜寒帯に生きるヒグマは二番目の体サイズをもつ。熱帯林に住むマレーグマは最も小型である。そして、ジャイアントパンダを含むその他の中間サイズのクマ五種は温帯に分布している。

近縁種ホッキョクグマとの遺伝的交雑

ホッキョクグマは、ヒグマと系統進化的に最も近縁な現生のクマと考えられている。前述したように、ホッキョクグマの生息地は北極圏に限られている。近年、地球規模で問題となっている温暖化は、北極域の自然環境や生態系に深刻な影響を与えている。ホッキョクグマならびにその主たる餌資源であるアザラシ類の生息域や個体数も減少し、その種保全が緊急の課題となっている。また、寒冷気候に適応したヒグマの分布域が高緯度へ北上していると考えられている。そのため、ホッキョクグマと出会った際に起こる種間雑種も報告されている。

ミトコンドリアDNAの分子系統に基づくと(DNAについては第3章で詳述する)、ホッキョクグマ(前述のクレード2b)はヒグマの系統に入ってしまう。さらに、アラスカABC群島のヒグマ(クレード2a)との分岐年代は約十六万年前と算出されている。

一方、核DNA解析では、ホッキョクグマはヒグマと約六十万年前に分岐したと推定されている(Hailer et al. 2012)。形態的特徴も合わせて考えると、両種は分類学的に明らかに別種に位置づけられる。この一見矛盾するような現象は、地理的に隔離されて両系統が分かれた後、両種が出会って交雑したうえで、ヒグマのミトコンドリアDNAがホッキョクグマへ移動し(遺伝子移入)、ホッキョクグマ本来のミトコンドリアDNAと入れ換わってしまったと推定されている。つまり、本来備わっていたホッキョクグマのミトコンドリアDNAは何らかの要因により消失したというのだ。

また、最近進展している全ゲノム解析により、北米大陸のヒグマや北海道のヒグマのゲノムのなかに、ホッキョクグマのゲノムの一部が残されていると報告されている。やはり、種が分かれる過程で、両種の遺伝子交流が行われた証拠が全ゲノムレベルでも得られているのだ。以上のことを考えると、過去だけでなく現在においても、ホッキョクグマはヒグマとの交雑の機会にさらされているのである。

絶滅種ホラアナグマとの遺伝的交雑

ホラアナグマ(*Ursus spelaeus*)は、北半球のヨーロッパからシベリアにかけて分布していたが、今から約二万五千年前までに絶滅した。毛皮は残っていないが、毛色はヒグマのような褐色であったと推定されている。さらに、ホラアナグマは概して、ヒグマやホッキョクグマよりずっと大型であった(図1-8)。

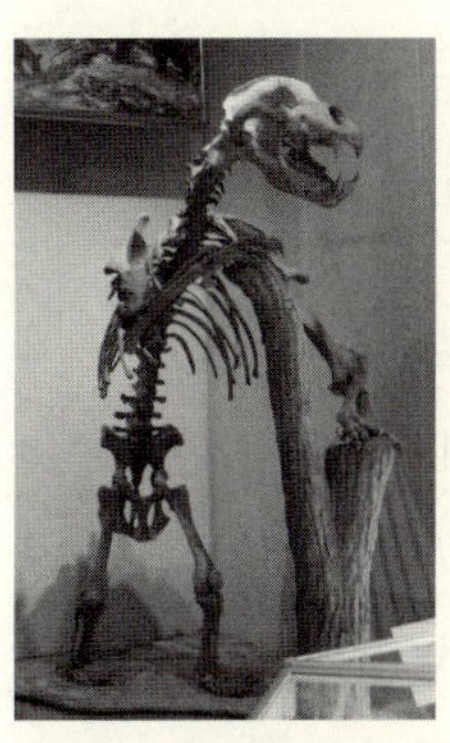

図1-8　絶滅したホラアナグマの化石．エカテリンブルクのスベルドロフスク地方博物館にて，筆者撮影．

化石から得られたミトコンドリアDNAの分子系統解析によると、ホラアナグマはヒグマやホッキョクグマに近縁である。ホラアナグマの系統と「ヒグマ・ホッキョクグマ」の推定分岐年代は、約一六〇万年前である(Bon et al. 2008)。ホラアナグマの生前の分布域(主にユーラシア西部、中央部)は、ヒグマの分布と重なっているので、両者間の交雑が起きていた可能性が考えられる。実際、化石の全ゲノム解析が行われた結果、ホラアナグマゲノムの一部が現生ヒグマのゲノムに残されており、その遺伝子流動は両方向であったことが報告されている。ホラアナグマは、進化の過程での交雑を通して、絶滅後も現代に至る数万年の間、ヒグマのゲノムのなかで生き延びているともいえよう。

未確認動物「イエティ」の正体

ヒマラヤ山脈には、未確認動物「イエティ」が住んでいるといわれてきた。「イエティ」とは英語での呼称で、日本語では「雪男」である。全身に毛が生え、残された足跡から二足歩行をすると考えられてきた謎の動物である。私が子どもの頃、雪男特集のテレビ番組や子ども向けの本も見たことがあるが、その正体については、結局のところ、謎のままに終わっていた。果たして、イエティとは何なのか？　従来、大型猿説、古代の人類説、ヒグマ説などがあった。

ブルンナーは、著書『熊　人類との「共存」の歴史』のなかでイエティについても言及しており、ネパールの人たちは、イエティがクマであるとわかっていたのではないかと述べている。

分析技術が発展した現代では、微量の生物試料からDNA分析が可能となっている(詳細は第3章で紹介する)。そこで、ヒマラヤおよびチベットの寺院などに残されているイエティのものといわれてきた未確認動物の体毛、毛皮、骨などから採取された微量のサンプルを用いてミトコンドリアDNA分析が行われ、現生のクマ類から明らかになっているDNA情報と比較検討された。その結果、それらの標本は、チベットヒグマ、ヒマラヤヒグマ、またはアジアクロクマ(ツキノワグマ)のものであったと報告されている(Lan et al. 2017)。生物学的にも、未確認動物の正体は、やはり山岳地帯に生息するクマであることが示されたのである。ついに、子どもの頃の謎は解けたのであるが、雪男について思いめぐらすことはもうないのかと思うと、少し寂しい気がする。

現在のヒマラヤおよびチベットでは、概して山脈の北側にヒグマ、南側にアジアクロクマが分布している。一部の地域では、両種の分布域が重なる(参照 図1-2)。この地域における言語学的調査においても、両種のクマは区別して認識され、各々に別の呼び名があることがわかっている(第3章参照)。

一方で、これら二種のクマは、山岳地帯の人々の間で神秘性をもつ生き物として認識され、いつの間にかイエティのような存在が言い伝えられるようになったのではないだろうか。

第2章

ヒグマは生態系で どんな役割を果たしているのか

1　森林生態系の頂点に立つヒグマ

生態系のなかのヒグマ

第1章で紹介したように、ヒグマは主に北半球の森林生態系で生活する哺乳類である。生態系(エコシステム)とは、その地域に生息する生物と周囲の非生物的環境(水、岩石、大気など)との相互関係をまとまりのあるものとして見たもののことをいう。ここでいう生物とは、個々の個体や同じ生物種のみではなく、その地域に生活する生物種すべてを指しており、生物群集とも呼ばれる。どんな生物も生態系のなかで、同種内、異種間、非生物的環境との間で相互に影響し合って生活している。ヒトも元来、自然の生態系の中で生活していたが、現在は、人工的要素が多い「人間生態系」のなかで生活しているといえる。

ヒグマは、北半球の森林生態系において最大の哺乳類である。そのため、ヒト以外には、ヒグマの成獣を襲う天敵はいない。ただ、森林生態系に適応した大型ネコ科のトラやヒョウと共存するユーラシア大陸東部においては、仔グマがこれら大型ネコ科に襲われることがあるかもしれない。また、見晴らしのよい草原に出た場合には、ワシ・タカなどの大型猛禽類が仔グマの天敵になる可能性はある。

ヒグマはアンブレラスピーシーズ

いずれにしても、ヒグマは食物連鎖の頂点に位置している。ヒグマが生存できる自然環境では、生物多様性がバランスよく維持されている必要があり、ヒグマの存在はその生態系が健全であることを示す指標となるといえよう。

自然環境や生態系を保護する保全生態学の分野には、「アンブレラスピーシーズ（傘種）」という用語がある。これは、多量の餌資源と広い行動域を必要とする動物（特に食肉類や猛禽類）が生活を可能とする生態系のなかでは、その動物が傘を広げ、その傘下で他の動植物、さらには微生物までを保全しているという意味合いである。

たとえば、北海道の森林生態系では、原生林の古い樹木や魚類の豊富な河川を必要とするシマフクロウがアンブレラスピーシーズであるといわれることがある（竹中 2006）。シマフクロウが生息できる環境では、ヒグマやエゾシカ、猛禽類、昆虫、微生物など、食物連鎖・食物網に直接関係ない生物までもが生活できる生物多様性を維持できることを意味する。よって、シマフクロウとその生息域を保全することは、その生態系を保全することにもつながるというものである。

一方、見方を変えれば、ヒグマもシマフクロウの傘下にあるというだけではなく、ヒグマの存在は、後述するように、森林生態系の多様性を維持することにつながるため、ヒグマとシマフクロウはともにアンブレラを広げて、北海道の自然生態系を見守っているともいえるのではないだろうか。昨今のニュースで知られるように、ヒグマは農作物被害や人身事故を起こすが、その一方で、環境保全の面では、生態系にヒグマが存在することにこそ意義があるという考え方もある。

ヒグマは雑食性の食肉類

ヒグマが含まれるクマ科は分類学的に食肉目(一般的に食肉類)に位置づけられている。他の食肉類であるネコ科、イヌ科、イタチ科に比べ、クマ科の食性は雑食性が強い。ただし、ホッキョクグマは海獣類を餌資源にしており、ほぼ肉食性である。

北海道の民芸品として、木彫りのクマが有名であるが、しばしばサケを咥(くわ)えている姿のものを見かける。確かに、知床半島などの北海道沿岸域に生息するヒグマは、夏から秋にかけて河川を大群で遡上してくるサケ・マス類を川の浅瀬のなかへ入って捕食し、その姿がよく知られているので、木彫りでそれが再現されているのであろう。ヒグマは、アリ、ハチ、セミの幼虫などの昆虫も好んで食べる。また、最近では、生きたエゾシカを襲ったり、交通事故などで死亡したシカ、冬季に死亡した仔ジカを食べることも知られている。このような餌資源の構成を見れば、ヒグマが食肉類であることもうなずける。第1章で述べたように、北海道では、個体数が急増しているエゾシカをヒグマが捕食したり、狩猟後に放置されたエゾシカの死体を食べた経験のあるヒグマが、ウシなどの家畜を襲うことにつながることも懸念されている。これは、元来の食肉類の特徴である肉食性への復帰であるともいわれる。

世界的なヒグマの食性を見ると（もちろん冬眠中は食物を摂らない）、一年を通して植物食が中心である。冬眠から覚める春から夏にかけて草本類、秋には果実類（ベリー類やドングリなどの堅果類）を食している（佐藤喜和 2006）。その際、草本の葉や茎を食すが、根は残していく。そうすることにより、草本が絶滅することなく、そこに生育し続けることになる。

このようなヒグマの雑食性は、ヒトの食性と共通する面がある。このことはヒトがヒグマに精神的な親近感をもつ要因の一つになっていると考えられる。

食性を反映する身体的特徴として、歯の形態があげられる。ヒグマの歯の特徴として、犬歯が鋭く発達する一方、後臼歯の咬合面（上顎と下顎の歯がかみ合う面）が平たく大型化している。このように、ヒグマの歯は肉食性と草食性の両面を備えていることがうかがえる。おそらく、進化の過程で、いったん肉食性を獲得した後に、草食性にも適応したのではないかと思われる。雑食性であるヒトの後臼歯の咬合面も平たい特徴が見られる。クマ科のジャイアントパンダは主にタケやササを食し、食性は大きく草食性に傾いているため、その後臼歯はさらに発達し大型化している。

2　海と森の間の物質循環を仲介するヒグマ

海洋生態系から遡上するサケ・マス類

ヒグマが主に森林生態系で生活することは既に述べた。その生態系においては、「食う―食われる」の関係が生じている。一方、食物の物質循環から見ると、捕食者は捕食により餌資源を摂取し、体内で消化した後、栄養素を吸収する。未消化物は排泄物になって体外へ放出される。分子レベルでとらえると、生物体に含まれる炭素や窒素は、森林生態系のなかを循環しているように見受けられる。

一方、第1章および前節1で述べたように、サケ・マス類が遡上する河川がある地域では、ヒグマがそれを餌資源にすることができる。もちろん、そういった地域は遡上してくる河川がある沿岸部に限られている。北海道を例にすると、河川を遡上してくるサケやカラフトマスは、河川で孵化した稚魚が河川をくだり、海洋生活を数年間送り成魚になった後、再び、生まれ故郷の河川に戻り、産卵・授精後、稚魚が孵化して河川をくだるというサイクルを繰り返す。物質レベルで見れば、サケ・マスは、海洋生態系から多くの物質を吸収し成長後、河川生態系のなかをさかのぼり、森林生態系で生活していたヒグマに捕食されるということになる。

物質運搬者としてのヒグマ

捕食の際には、ヒグマは河川に入って頭を水中につけながら、遡上中のサケ・マスを前足で捕らえたり、口で食らいついて捕獲する。その後、大きな魚を咥えたヒグマは、陸に上がり、獲物を食べる。その際、ヒグマは捕獲した魚の一部を食し、食べ残した体の部分はその場に放置される。好んで食べられる部位は、脳、卵巣、背中の筋肉で、内臓や精巣、骨は残される傾向にある(小泉 2020)。北米アラスカのヒグマとアメリカクロクマに食べられたサケでは、一匹のうち四〇～六〇パーセントが残され、産卵後のサケについては九〇パーセント以上が残されていたという。いずれにしても、サケのからだは食べられた後、ヒグマの体内で消化・吸収され、栄養素となっていく。また、未消化物は排泄物として体外へ放出される。

食べ残された魚の死骸はその後、どうなるのだろうか。

まずは、残飯をあさるカラスやキツネなどの「スカベンジャー」に食べられる。ヒグマと同様に、魚肉は消化吸収を介してかれらの体の一部になったり、未消化物は排泄される。

また、魚の死骸に集まってきたハエ類が産卵して孵化した幼虫、シデムシなど肉食性の昆虫類、さらには微生物がサケ・マスの死骸や動物の排泄物を食す「分解者」である(スカベンジャーと分解者を明確に区別する境界線はない)。一方、分解者によって分解された炭素や窒素を含む低分子の物質は、森林の樹木や草本の根から吸収され、植物体を形成する。

このように、ヒグマに捕食されたサケ・マスを構成していた物質は、森林生態系に生息する動物や微生物の体を経て、植物体に取り込まれる。ヒグマは、海洋生態系から河川生態系へサケ・マスに姿を変えてやってきた様々な物質を、森林生態系へ運ぶ運搬者となっている。つまり、海洋生態系と森林生態系の間の物質循環を担う仲介者の役割を果たしているのだ。

さらに、海洋の沿岸部では、クジラ・イルカやアザラシなどの大型海獣類の死体が打ち上げられることがある(ストランディングともいう)。その際、打ち上げられた大型哺乳類の皮膚は厚く硬いため、死体に近づいてきたカラスやキツネなどのスカベンジャーはそれらの動物の皮膚を食い破って食すことが困難である。一方、ヒグマは頑強な顎による噛む力と鋭い犬歯により、ストランディングした海獣類の厚い皮膚を食い破って食すことができる。そうなれば、ヒグマの食事の合間や食事後に、カラスやキツネなどのスカベンジャーが海獣類の肉にありつくことができる。さらに、その後、ヒグマやスカベンジャーの排泄物は、沿岸部の生態系のなかの物質循環に取り込まれていく。

このように、河川生態系を経ないで、海洋生態系から森林生態系への物質循環においても、ヒグマが物質運搬者になることがあるのだ。ヒグマは食物連鎖のなかで、様々な生き物のつながりを仲介する役割を果たしている。

3　森を広げるヒグマ

生命をつなぐ排泄物

前節2では、ヒグマの排泄物が森林生態系の物質循環に貢献していることを述べた。ここで、動物の排泄物についてもう少し考えることにする。

哺乳類の排泄物（糞）の重量の約八〇パーセントは水分である。一般的に、大腸の主な機能として水分の再吸収があり、肉食獣より腸の長い草食獣の糞は比較的水分が少なく、コロコロした形状をしている。草食性のシカやウサギの糞はその典型的なものである。

糞の成分の残り約二〇パーセントのうち、三分の一は剝がれ落ちた腸粘膜細胞である。腸の粘膜細胞の分裂速度は他組織よりも比較的速く、細胞の入れ替わりが激しい。他の三分の一は腸内細菌や寄生性生物、そして、残りの三分の一は食物の未消化物である。

糞の水分以外の成分は、生態系のなかで分解者によって食される。必要な分子は吸収され、最終的な分解者である土壌細菌などの微生物によって、低分子の物質に分解される。それが森林や草原の植物の根から吸収される。

このように、糞を介して、他の生物にいのちが伝えられていくため、分子が生物のなかにとどまることがない。さらに、生命をつくっている炭素、酸素、窒素などの元素は、大気などの非生物的環境にも拡散しながらも、そこにとどまらず、別の分子に姿を変えて、再び、生物に取り込まれていく。つまり、生物の内部環境と外部環境の間で、種々の物質が常にとどまらずに移動し、生態系における物質循環が成立しているのだ（増田 2021）。

ヒグマの糞においても、食物の未消化物が含まれる。ヒグマは植物食の傾向が強いが、草食獣のように食物繊維のセルロースを分解できる腸内細菌を有しているとは報告されていない。よって、ヒグマの未消化物には植物の繊維が大きな割合を占める。

種子散布者としてのヒグマ

ヒグマは、植物のベリー類や堅果類を好んで食す。これらの植物の実を食べた際、種子を覆っている果肉を味わうことになるが、その種子まではかみ割らないで、丸呑みされることがある。種子は硬い種皮で覆われているため、割られていなければ、ヒグマの消化管を通っている間(長くても数日間)に消化されず糞に含まれ、移動した場所に排泄される。植物側から見た場合、これを「被食散布」という。

被食散布では、ヒグマが木の実を食べてから時間をかけて移動して排泄するため、植物側から見ると、親木から遠く離れた場所に種子を運んでもらえることになる。さらに、排泄された種子は発芽後も、糞に含まれる栄養素を吸収しながら成長することができる。よって、ヒグマによって果実が食べられることは、その植物にとってデメリットなことではなく、種が分布拡散できるという大きなメリットがある。ヒグマは、生物多様性を支える存在であるといえる。

もちろん、被食散布する哺乳類はヒグマだけではなく、日本列島では、ツキノワグマ、タヌキ、ニホンテン、エゾテン、ニホンザルなどがあげられる。これらの哺乳類の共通点は、強い雑食性であることである。

また、植食性や雑食性の鳥類はくちばしを使い、植物の実を割らないで丸呑みにすることが多いため、被食散布者として、哺乳類よりも短時間で長距離を種子運搬することができる。一般的に、哺乳類の方が大型であるため、被食散布者としての鳥類は比較的小さな種子を運搬しているものと思われる。

ヒグマをはじめとする動物の被食散布と森林の拡大との関係を考えると、あらためて、生物多様性の保全には動物と植物を含めた総合的な対策が必要であることが理解されるであろう。

4　生態ピラミッドでの位置づけ

食物連鎖と食物網

本章2節で述べたように、生態系のなかで生じる生物間の「食う－食われる」の関係が「食物連鎖」である。ある食物連鎖において捕食者であっても、別の関係においては被食者になることもあるし、複数種の間で「食う－食われる」の関係をもつこともある。このような複数種間のネットワーク状態の関係を「食物網」という。

また、食物連鎖の各段階を「栄養段階」という。食物連鎖が始まる最初の栄養段階は、太陽の光エネルギーを利用して光合成を行う緑色植物で、「生産者」の位置にある。緑色植物は、他の生物を食さないで成長・生育できるので、「独立栄養生物」と呼ばれることもある。

緑色植物(生産者)を食べる生物は植食性動物であり、「一次消費者」と呼ばれる。ウサギやシカなどの草食獣や植物を食べる昆虫がそれにあたる。さらに、一次消費者を捕食する動物を「二次消費者」、二次消費者を捕食する動物を「三次消費者」、さらに栄養段階が進むと「高次消費者」となる。独立栄養生物に対して、消費者である動物は独自に有機物を生合成できないので、「従属栄養生物」と呼ばれる。

一次から高次までの消費者としてのヒグマ

ヒグマはどの栄養段階に位置するのだろうか？

雑食性のヒグマの餌資源は、草本類や植物の実、昆虫類、魚類、シカなどの哺乳類で構成される。さらに、大型哺乳類であるため、天敵が不在である。これらのことから、ヒグマは一次消費者から高次消費者にまたがる消費者になりうる。生態系でこのような位置を占める野生動物は他に見あたらない。唯一、ヒトは、ヒグマと同様に複数の栄養段階にまたがる生物であるといえるだろう。

生態ピラミッドにおけるヒグマ

各栄養段階について、生態系における個体数、生物質量、エネルギーなどについて、生産者を起点として積み上げて図示すると、ピラミッドの形になる。これを生態ピラミッドと呼んでいる。たとえば、底辺の生産者の個体数に比べ、その上位の一次消費者ははるかに少ない。草原の植物体を食べるノウサギ(一次消費者)を考えた場合、その関係は明らかである。さらに、二次消費者となるキツネの個体数はさらに少なくなる。キツネを捕食するワシなどの大型猛禽類の個体数は、さらに少ない。各栄養段階の個体数の総重量およびエネルギーに換算しても同様で、栄養段階の上位に向かうほどその値は小さくなる傾向にある。

一方、先に述べたように、雑食性で天敵のいないヒグマは、生態系で一次消費者から高次消費者にまたがった栄養段階を占めている(図2-1)。

近年、ヒグマが、北海道の農地に侵入し生産量が多いデントコーン(家畜飼料用、バイオエタノール生産用のトウモロコシ)や果樹などの農作物を荒らしたり、放牧されたウシなどの家畜を襲ったりする事例が増えている。その理由の一つには、自然生態系の生態ピラミッドにおいて、山林の堅果類の凶作により、個体数が増加しているヒグマ集団を支えてきた生産者の量が限界となり、ヒグマは森林生態系を出て、三密状態(密集、密接、密閉)で栽培されている人工的な農作物という餌資源を求めるようになったことが考えられる。

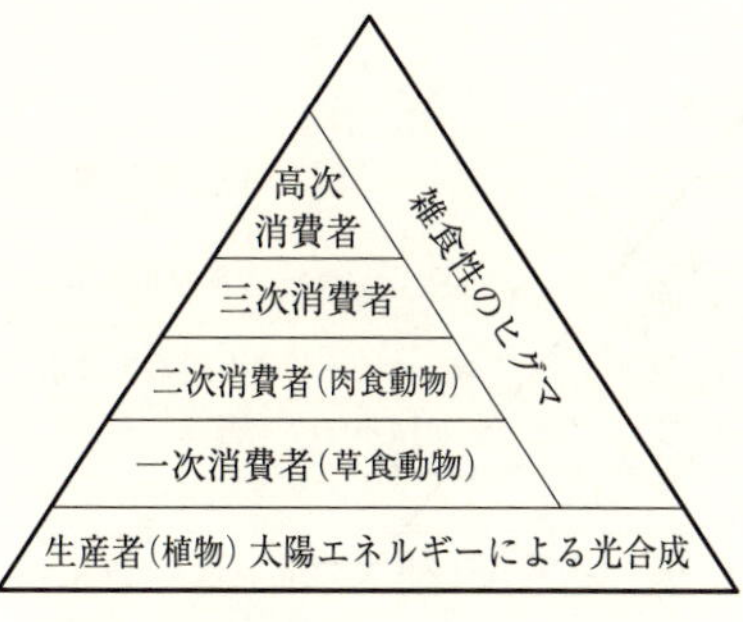

図2-1　生態ピラミッドでのヒグマの位置は，一次消費者から高次消費者にまたがる．食物連鎖の相対的なエネルギー比率に基づく．一般的に，個体数は高次消費者になるほど減少する．

ヒトの栄養段階を考える

ここで、さらにヒトの栄養段階を考えてみよう。先に述べたように、ヒトは雑食性でその天敵がいないので、ヒグマと同じような栄養段階を占めてきた。だが、これは、人口が増加する以前の狩猟採集生活および農耕生活を始めた頃の話である。

現代では、急激な人口増加にともなって人間生活による消費量が増大したため、本来の生産者である野生植物のみでは食料としてまったく追いつかず、農作物の栽培や牧畜を発展させ、効率的に食料を得

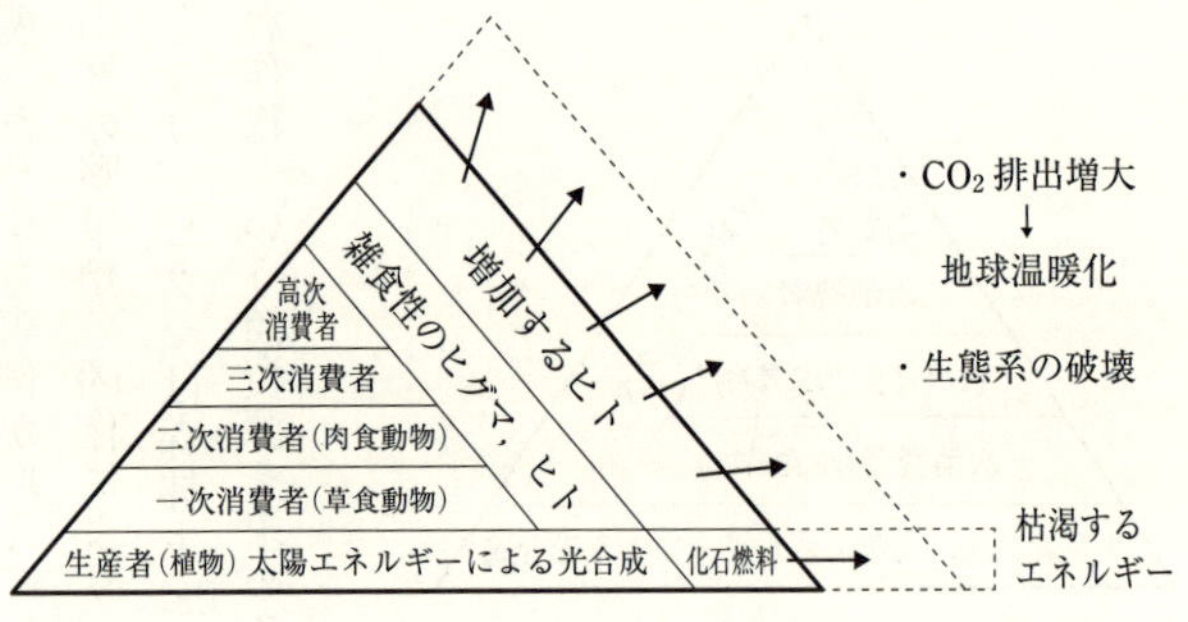

図2-2　ヒトを含めた生態ピラミッド．雑食性のヒトは，元来ヒグマと同様の位置にあったが，現在では，化石燃料のエネルギーをも消費している．

る努力がなされているが、それでも生産量が不足している。人口増加や家畜飼養の消費がこの調子で継続すると、二十一世紀半ばにはヒトが世界の生産量の約四五パーセントを使ってしまうと推定されている（シュミッツ 2022）。そのため、建築材料や薪を含めた現生の生産者だけでなく、過去に生きていた植物に由来する化石燃料（石油、石炭、天然ガス）のエネルギーをも大量に使用するようになった。当然のことながら、それにも埋蔵量に限界があり、化石燃料の枯渇が現実的な地球規模の問題として懸念されている（図2-2）。

また、化石燃料は地下資源であるため、その採掘は地下でも地上でも、生態系の破壊に結びつく。さらに、化石燃料を燃焼した際に放出される工場や自動車などからの煤煙や有毒ガスが大気汚染を引き起こしている。排出される二酸化炭素は地球全体を覆う温室効果ガスとなり、地球温暖化の原因にもなっている。

これらの問題を解決すべく、二酸化炭素排出量の規制が世界的に取り組まれている。また、風力、太陽光、地熱などの再生可能エネルギーを利用した発電も考案されている。その特徴は、二酸化炭素を排出しない、地球上のどこにも存在する、枯渇しない、ことである。これは、国連が掲げた、二〇三〇年までに達成すべき目標であるＳＤＧｓ（持続可能な開発目標）の取り組みにつながるものである。

一方で、生態ピラミッドにおける元来の姿を顧みることも必要ではないだろうか。ヒトとヒグマが共存する生態ピラミッドが成り立てば、生態系、ひいてはヒトの生活環境を将来にわたって維持できる。ヒグマと同様に、ヒトも自然生態系の構成員である（あった）ことを認識し、両者が共存できるような、人間社会と生態系の相互依存の関係を創出することが必要である。これが、将来あるべきヒトの生き方につながるのではないか。この課題を考えることは、第3章以降で述べる異なる文化の共存への道へとつながるものである。

5　ヒグマと人間社会

ヒグマと人間社会との摩擦

本章では、ヒグマの生態系における位置や役割を述べてきた。本来、ヒグマは人里離れた森林のなかで生活する動物であるが、現代社会において、ヒトとヒグマの間で種々の摩擦が起きていることも事実である。北海道では春から秋にかけて起こる農作物への被害や人身事故は深刻な社会問題となっている。その主な原因は、様々な状況によりヒトとヒグマとの物理的距離が縮まってきたことにある。果たして、地球上において、ヒトとクマとの穏やかな共存は可能なのであろうか？

私は野生動物管理の専門家ではなく、クマによる被害やその回避を議論することが本書の主目的ではないが、本節では、現代におけるヒトとヒグマの軋轢（あつれき）について概要を述べることにしたい。

北海道におけるヒグマの個体数とその管理

近年、北海道におけるヒグマの個体数が増加する傾向にある。北海道では、毎年の有害獣および狩猟獣の捕獲数が集計報告されており、その数は増加の一途をたどっている。二〇二四年十二月四日付の北海道新聞の報道によると、二〇二三年度の駆除数は一八〇四頭で過去最高であった。この値は前年度比一・九倍となる。その理由は、ヒグマの餌資源となるドングリの不作により、人里への出没が増えたからだと考えられている。

一方、二〇二四年三月に北海道が発表した推定個体数は一万二一七五頭で、一万頭を超えた。第4章において、道内のヒグマの分布状況や個体群密度を述べるが、海外の生息状況に比べて、その個体群密度は高い。

後述する農作物への被害および人身事故を未然に防ぐため、行政は専門家の意見を聞きながら様々な対策を進めている。北海道新聞の報道によると、北海道は、二〇二五年から十年間で約一万三千頭を捕獲するとの方針を打ち出しているとのことである。二〇三四年末には八千頭弱にまで減らすのが目標で、これはヒトとの摩擦が顕在化していなかった二〇〇一年から二〇一〇年頃の推定個体数に相当すると考えられている。

また、北海道は、ヒグマ管理計画において、クマが出没した際の対応を区域ごとに変える「ゾーニング管理」を導入することを検討しているという。ゾーン区分には、排除地域（市街地)、防除地域(畑、放牧地など)、緩衝地帯(排除・防除地域に隣接し、ヒグマ生息地が含まれる)、コア生息地(自然公園や保護林を含む森林)が想定されている。

また、近年、北海道猟友会の会員数は減少しており、北海道は、交付金によるハンターの育成と確保を急務と考えている。

さらに、環境省は、鳥獣保護管理法を改正し、市街地において人身事故が生じる可能性がある場合には銃の使用を可能とする方針であるとのことである。一方、市街地でのヒグマの駆除方法に関して、猟友会と行政の間で意見が一致しないこともあり、課題は多い。

以上は、本書を執筆している時点(二〇二四年十一月)までの北海道新聞の報道情報であるため、今後、状況が変わる可能性はあるが、北海道においてはヒグマの増加に伴う被害対策が緊急の課題となっている。

農作物への被害

前述したように、ヒグマの個体数は増加傾向をたどっており、これまで生活していた自然環境での環境収容力(おかれた環境下で維持できる個体数)を超えたため、農地に出没して、農作物を食すことになったものと考えられる。農耕地は市街地から離れていることが多く、ヒグマの生息地である山林までの物理的距離が近い。これまでに山林を切り開き、農地を拡大させたことも、ヒグマにとって近場で餌を効率的に採ることができるようになっている一因と思われる。

また、従来、野生動物とヒトとの間の緩衝地帯となっていた里山に農耕地があったが、近年では離農が増え、放置された果樹がヒグマや他の野生動物の格好の餌資源となっている。後述するが、里山での離農の増加は、ヒグマや他の野生動物が市街地へ出没するようになった大きな要因である。

前節4で述べたように、農耕地では、ヒトの人口増加と三密状態を養うために、農作物が三密状態で栽培されている。その一つとして、北海道では、家畜飼料用のデントコーンが広範囲で栽培されており、ヒグマにとって都合のよい餌場となっている。ヒグマの農地への侵入を防ぐために、電気柵が農地の周囲に設置されているが、その規模が大きいので設置費用も膨大なものである。最も被害の多い作物はデントコーンで、次いでビート、小麦、スイートコーンの順番である。キツネやアライグマは、甘いスイートコーンを好む傾向があるという(柳川 2024)。

ヒグマの肉食化の問題

北海道では、増加したエゾシカの交通事故死体やハンターによって放置されたエゾシカの死体の一部がヒグマの餌となっていることは前述した。そのようなシカ肉は、ヒグマにとって手っ取り早く食べることができる餌資源となる。そのため、雑食性であったヒグマに、肉食性を呼び覚ます結果となっていると考えられている。

「オソ18」と呼ばれたヒグマが、北海道東部（道東）で約四年間のうちに放牧中のウシ六十六頭を襲ったことで全国的なニュースになった。呼び名のオソとは、最初、二〇一九年七月にウシが襲われた牧場の所在地（釧路管内標茶町オソツベツ）、そして、18は現場に残されていたヒグマの前足の足跡の幅が一八センチだったことに由来する。その後、二〇二三年七月に有害獣駆除された個体について体毛のDNA分析が行われ、オソ18と一致したと報告された（内山 2023）。

このように、ヒグマによる農作物・家畜被害は、エゾシカの増加、農地開発、農業様式の変化、狩猟活動の減少などに深く関係している。また、エゾシカの増加も人間活動と関係する。

ヒグマによる人身事故

北海道では、ヒグマによる人身事故は毎年起こっている。山菜採りや魚釣りで山林に入って、ヒグマと出くわすことによって襲われる事故が多い。

二〇二四年に北海道がホームページで発表している統計によると、直近の十年間（二〇一四年度から二〇二三年度）の人身事故は三十七件あり、そのうち九名の死者が出ている。二〇二三年度だけを見ると、六件の人身事故があり、二名の死者、七名の負傷者があったと報告されている。さらに、後述するように、ヒグマは札幌の市街地にも出没し、ヒトに傷害を負わせる事態も生じている。

過去の重大な人身事故については、当時の新聞記事などに基づき、中山茂大著『神々の復讐』にまとめられている。

ヒグマの個体識別・DNA鑑定

前述した人身事故や農作物被害をもたらしたヒグマの個体を特定することは、その事故被害対策に大変重要な情報である。森林のなかに姿を消した個体について、どのようにして個体識別するのか？　ここではその方法について紹介する。

一つめは、DNA分析による個体識別である。一般的にDNA分析は「DNA鑑定」といわれることもある。しかし、DNA分析にしてもDNA鑑定にしても、様々な手法を含んでおり、それだけでは具体的な内容がわからない。

しかし、DNAからヒグマの個体識別をする場合、ヒトの法医学的個人識別でも行われているように、「マイクロサテライトDNA」を指標にすることが多い。マイクロサテライトDNAは、数個の塩基が並んだ領域で、その数に多様性をもつ（DNAや塩基に関する一般的な内容については、第3章を参照していただきたい）。

たとえば、比較のための例として、ヒトABO式血液型を考えてみる。各人は、一つの遺伝子の存在場所（遺伝子座という）に、A、B、O、という三つの対立遺伝子（またはアレルという）のうち二つをもつ。つまり、組み合わせ（遺伝子型という）は、AA（A血液型となる）、BB（B血液型）、OO（O血液型）、AB（AB血液型）、AO（A血液型）、BO（B血液型）というように六通りの遺伝子型がヒト集団に存在する。

それに対し、マイクロサテライトの遺伝子座は、全DNAに散在している。さらに、マイクロサテライトには高い多様性があるため、対立遺伝子の種類数が数個以上ある遺伝子座二十以上を選んで使用すれば、右記の血液型よりもずっと多くの遺伝子型を検出することができる。つまり、各個体で分析した各遺伝子座の遺伝子型を集計し、サンプル間で比較した場合、サンプルが由来する個体が異なれば、高い確率で異なる結果が得られる。そして、同じ個体に由来するならば、同一の遺伝子型となる。

また、法医学分野でのサンプルは、犯行現場に残された体毛、皮膚断片、体液などの微量な生体組織である。同様に、ヒグマの個体識別においても、現場に残された体毛や糞、トウモロコシなど食べたものに残されただ液が分析対象となる。ヒグマ調査では、餌場に有刺鉄線をはり、そこを通りがかったクマの体毛を採取する方法（ヘアトラップ法）がとられることもある。サンプリング地点を増やすことにより、対象となる個体の行動範囲が推測できる。

採取されるサンプルは微量なので、その分析にはＰＣＲ（ポリメラーゼ連鎖反応）法を用いて、ＤＮＡ量を増幅する必要がある。ＰＣＲ法のしくみについては、この数年来の新型コロナウイルス検査のニュースで毎日のように報道されてきた。

ヒグマの個体識別・顔認証システム

二つめの個体識別法として、最近注目されているのは、人工知能（ＡＩ）を用いた顔認証システムの導入である。

ヒトにおいても、個人識別をするために、顔の外観の特徴をＡＩに学習させ、別の機会にモニターに映し出された顔と比較して、同一人物かどうかを判定させることがある。成田国際空港などのパスポートチェックの際に経験された方もおられるであろう。その基本的な手法を、ヒグマの個体識別に使用しようというものである。

ヒグマはもちろん成長段階や季節やそのときの栄養状態によって体型が変化するので、からだ全体の外観からの個体識別は難しいことがある。また、前述のDNA鑑定では、何らかの生体サンプルを採取する必要があり、分析時間や費用の面でも負担がかかる。

AIの顔認証では、このような課題が少なくなるものと考えられている。個体の顔写真を撮るために、野外のヒグマの通り道に自動カメラを設置し、ヒグマが通った際に撮影する必要がある（カメラトラップ法）。その際、正面を向いた顔の写真が、AIに顔を学習させるためには理想的である。現在、ヒグマと他の動物との違い、および、ヒグマ個体間の認証の精度を上げる基礎的な技術開発が進められているとのことである。

このカメラトラップによる顔認証システム、および、ヘアトラップによるDNA分析を組み合わせれば、かなり精度の高い個体識別が可能になるのではないかと期待される。

ヒグマのアーバンアニマル化

近年では、様々な理由により、野生哺乳類が市街地に出没するようになった。そのような動物のことを英語ではアーバンアニマル（日本語では都市動物ともいう）と呼んでいる。もちろん、哺乳類以外の動物にも目を向ければ、カラスのような鳥類も都市動物であるが、ここでは哺乳類に限って話を進めよう。

哺乳類に限っても、アーバンアニマルの範囲は広い。たとえば、ハツカネズミやドブネズミは、ヒトの住居や集落周辺に生息するようになり、ヒトの大陸内および大陸間の移動(ホモ・サピエンスの移動史については第3章参照)とともに生息地をほぼ全世界に広げてきた。これらのネズミ類はヒトとの関係期間が長く、かつ、小型動物で比較的目立たないため、アーバンアニマルというよりも、現在は衛生害獣として対処されている。

ヒグマも北海道札幌市内の森林の公園やその近郊において出没することがあり、アーバンベアと呼ばれるようになった(佐藤2021)。二〇二一年六月には、札幌市東区の市街地にヒグマが出没する事件が起きた。早朝の住宅地を闊歩し、三名が襲われて大けがを負った(内山2023)。

札幌において最初にアーバンアニマルとして注目されたのはキタキツネで、アーバンフォックスと呼ばれる。最近では、都心部にも侵入し、緑地では繁殖しているようである。それに対し、アーバンベアは市街地で繁殖していない。一時的に市街地に出没するだけである。

アーバンベアが生じた原因には様々なものが考えられる。前述した山林と市街地の間の緩衝地帯にあった里山地域において離農が増加し、放置された果樹も山林から市街地へヒグマが出没しやすくしている要因と考えられる。

また、確信はないが、近年では野良犬や放飼犬が不在となったため、野生動物が吠えられたり追われたりすることがなくなり、市街地まで出没しやすい環境になったのではないだろうか。

ヒグマおよびその他の野生動物とヒトとの軋轢をなくすには、その地域の人々と行政の協力による綿密なコミュニケーションに基づく対策が必要である。具体的な対策については、最近出版された佐藤喜和著『アーバン・ベア』、柳川久著『北の大地に輝く命』に詳しい。

ヒグマを知り、正しく恐れる

ヒグマとはどんな生き物か、そしてどんな特徴をもっているかを知ることは、ヒトとヒグマとの摩擦をなくすためにまず必要なことである。そのために、本書では、ここまでヒグマの生物学や現代社会との関係について語ってきた。

また、北海道は、ヒグマの事故を防ぐため、様々な取り組みを行っている。そのなかで、子どもから大人まで幅広く正しいヒグマの生態や対処方法について知ってもらうために、二〇二三年十一月から、クイズで学べる「ヒグマ検定」がホームページで公開されており、パソコンやスマートフォンでアクセスできる(北海道環境生活部自然環境局 2023)。この検定は「ここだけは!編」、「入門編」、「一般編」、「上級編」の四編、全九十問のクイズで構成され、気軽に取り組めるようになっている。

最初のクイズとして、まずはヒグマのシルエットを当てることから始まる。そして、最後には、正解がなく各人に考えてもらう問題まで多様である。私も挑戦してみたが、なかなか全問正解にたどりつかない。しかし、知らないうちにヒグマや自然について興味が湧き、多くのことを学んでいくことができる。

「正しくヒグマの知識を身につけ、正しく恐れる」ことが大切であり、ヒグマ検定はそのきっかけになることが期待されている。みなさんにも一度、挑戦してみることをお勧めする。


ここまでは、ヒグマの生物学およびヒトとの摩擦について述べてきた。ヒグマは、ヒトとある程度の物理的距離を置くべき存在であると認識されたことと思う。次章からは、ここまでとは異なる見方により、ヒグマはヒトと精神的にいかに近い距離に存在し共存してきたのか、そして、文化にいかに深く関わってきたのか、について紹介する。

第3章

ヒグマはどのようにして
ヒトと出会ったのか

1　ヒグマはどのようにして分布を広げたのか

ヒグマの移動史や起源を調べるには

生物の分布や移動の歴史を調べる研究分野に「生物地理学」がある。動物を対象にした場合は動物地理学、植物を対象にした場合は植物地理学という。

哺乳類については、化石の出土記録、現生の動物集団の分布状況、頭骨や歯など形態の地理的変異の比較などから動物地理学が進められてきた。

最近では、ヒグマを含めて、DNAの遺伝情報を用いた生物地理学が発展し、「系統地理学」とも呼ばれている。ここで、系統地理学に遺伝情報を利用する理由を簡単に説明しておこう。

細胞のなかにある染色体やミトコンドリアに入っているDNAは、A(アデニン)、C(シトシン)、G(グアニン)、T(チミン)という四種類の塩基配列のつながりで構成され、その並び方が遺伝情報の根源となっている。その遺伝情報を化学的に解読することにより、親類関係や近縁関係が分析される。

DNAはからだのほとんどの細胞に含まれているが、そのなかでも生殖細胞(卵と精子)に含まれるDNAは、繁殖を通して、親から子へ、そして、祖先から子孫へ伝えられる唯一の物質である。

一方、細胞分裂に際して、DNAは同じものを複製していくという保守的な特徴をもっている。しかし、その複製の正確さは完璧なものでなく、わずかな確率でミスを起こすため、塩基の並び方に変化(突然変異)が起こる。世代を重ねる長い年月の間に、一定の割合で世代を越えてDNAの変化が蓄積されていく。そのため、過去に共通祖先を有していた現代の生物二種間の遺伝情報を解読して比較すれば、過去の系統の流れをたどることができる。つまり、DNAは個体や集団の間の近縁関係や系統関係を推定する指標となり、近縁であるほど遺伝情報は互いに似ているし、遠縁であるほど異なっている。

また、DNAにもいろいろなタイプがあるが、移動の歴史を調べるために、ミトコンドリアDNAがしばしば分析されてきた。

哺乳類のミトコンドリアDNAは、約一万六千から一万七千個の塩基配列で構成される環状DNAで、細胞質のミトコンドリア内に存在する(細胞核内の染色体のなかではない)。生殖細胞の受精を考えた場合、卵の細胞質には数千個のミトコンドリアが含まれる一方、精子に含まれる数個のミトコンドリアのDNAは受精卵には伝わらないしくみがある。よって、私たちのからだを構成している主な細胞(体細胞という)がもっているミトコンドリアはすべて母親由来であるため、ミトコンドリアDNAの遺伝様式は「母系遺伝」と呼ばれる。つまり、ミトコンドリアDNAは、繁殖するオスとメスの間で混ざることはないため、家系の母系列をたどるには都合のよい指標になる。

一方、オス親からオスの子に伝わるY染色体のなかのDNA配列(このなかにオスを決定する遺伝子がある)は、「父系遺伝」する。また、両親から子へ一対ずつ伝えられる染色体(常染色体)のDNAの遺伝様式は「両性遺伝」と呼ばれる。各々の遺伝様式からみたヒグマの特徴については後述する。

このようなDNAの特徴を踏まえたうえで、その分析技術を駆使して、ヒグマの移動の軌跡について謎解きが行われてきたし、現在も継続されている。

ヒグマは北海道へ三度渡来した

まずは、日本列島の北海道に分布するヒグマの渡来の歴史について考えることにしよう。

北海道のヒグマ集団のなかで、ベルクマンの規則に従って、南に住む個体は小型で、より北に住む個体はより大型になるという地理的変異があることを第１章で述べた。では、ＤＮＡレベルでは地域的な集団間の違いや多様性はあるのだろうか？

北海道のヒグマ集団のミトコンドリアＤＮＡを調べたところ、大変興味深いことに、三つの系統があることが明らかになった。海外のヒグマについてもミトコンドリアＤＮＡが分析されており、その系統にはクレード（遺伝的系統）名が付けられている。それに従うと、北海道ヒグマは、クレード3a2、クレード3b、クレード４のどれかに所属する。なお、これらのクレードの概略は、第１章２節でも述べた。

さらに、その分布が地域によって分かれ異所的に分布していることが明らかになった。クレード3bは知床半島から阿寒にかけての道東地方（道東）、クレード４は渡島（おしま）半島を含む道南地方（道南）、そして、クレード3a2はそれ以外の地域である道北―道央地方（道北―道央）に分布している。興味深いことに、これら三つの分布域の境界線は明瞭であるため、ミトコンドリアＤＮＡから見たこの分布パターンを「北海道ヒグマの三重構造」と呼んでいる（Matsuhashi et al. 1999; 増田 2017）。

この三重構造が形成・維持されていることは、メスグマの狭い保守的な行動圏により、母系遺伝するミトコンドリアＤＮＡの移動が小さいことに起因する。近年の都市や道路の形成による生息域や移動の分断化が起こるよりはるか以前に、この分布パターンが形成されたものと考えられる。

後述するが、北海道ヒグマと大陸ヒグマのミトコンドリアDNAを比較すると、北海道の三つのクレードの分岐年代の違いが大きいため、三つの系統は北海道内で分岐したのではなく、大陸で分かれた後、陸橋でつながっていた別々の時代に北海道へやってきたものと考えられる。おそらく、北海道に最初にやってきたのは道南系統、次にやってきたのは道東系統、そして最後にやってきたのは道北―道央系統である。

この三重構造の分布は、第4章で語る「北海道ヒグマの遺伝子分布地図」(図4-9)となり、遺跡から出土したヒグマ遺存体の由来を同定する動物考古学的研究にも貢献することになる。

大陸内と大陸間の遥かな移動の歴史

現在、ヒグマは、ユーラシアと北米を含む北半球の亜寒帯に広く分布しており、哺乳類のなかで最も広い分布域をもつ一種である。その理由は、第1章と第2章で見てきたように、主に、ヒグマに備わった自然環境への高い適応力に起因していると考えられる。

ところで、ヒグマが進化した起源地、つまりかれらの故郷はどこだろうか?

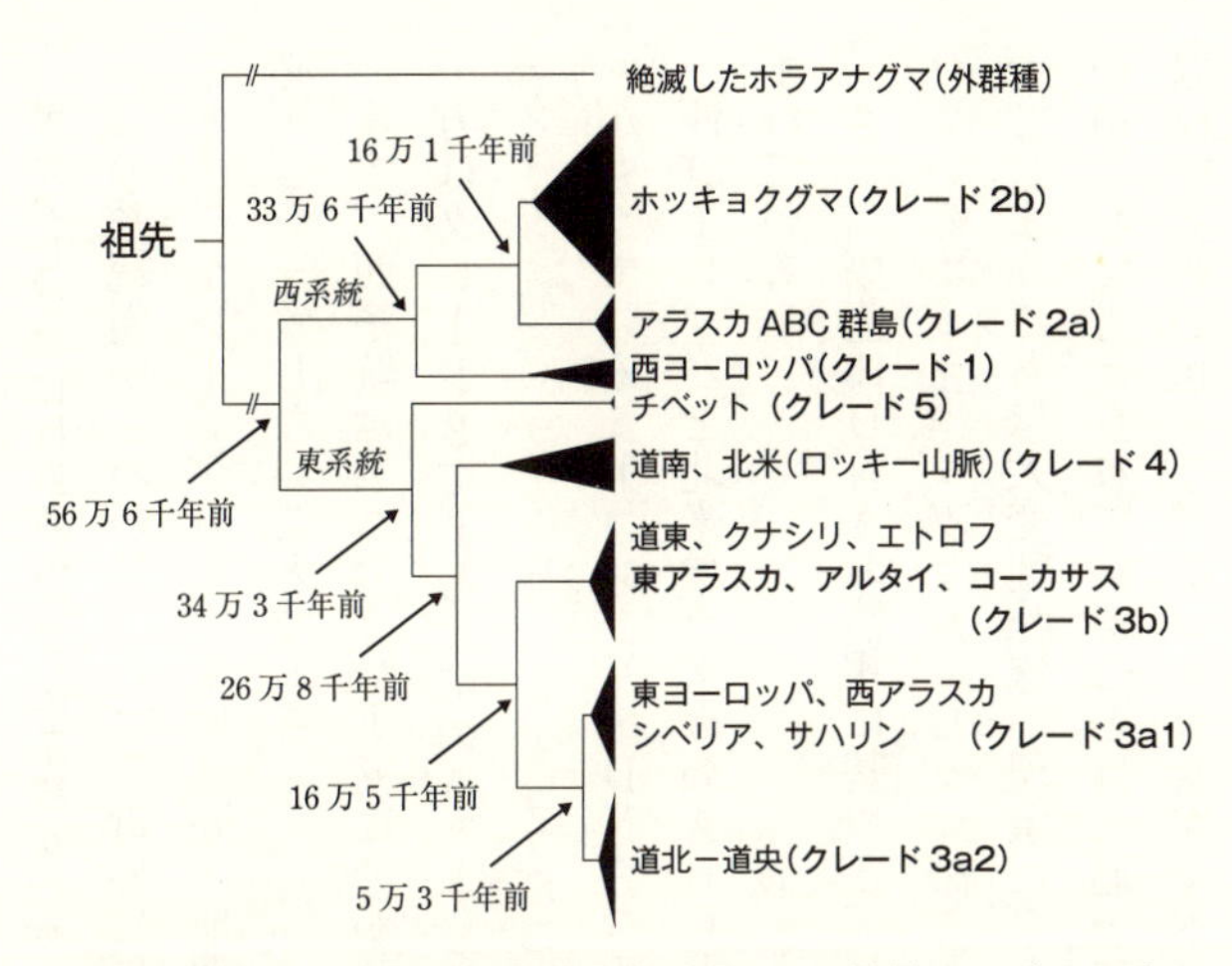

図3-1　ミトコンドリアDNAデータによる世界のヒグマの系統関係．Hirata et al.(2013)より．クレード3bについては，Hirata et al.(2014)などの情報に基づく．

現時点では、それに対する明確な答えはないが、ヒグマの最も古い化石が中国の約五十万年前(更新世中期)の堆積物から発見されている(クルテン2015)ので、その故郷はユーラシア内陸部である可能性が高い。

また、北米のヒグマ化石の年代は、ユーラシアのものよりも新しいため、ヒグマはユーラシア大陸から最終氷期のベーリンジア(氷期にベーリング海峡に存在した陸橋)を経て北米大陸へ渡ったものと考えられている。

これまでに、世界に分布するヒグマのミトコンドリアDNAデータが集積されており、それらのクレード情報をまとめて描いた系統樹が図3-1である(Hirata et al. 2013)。

世界のヒグマには東西の二つの系統がある

この系統樹からわかるように、世界には大きく分けて、東西二つの系統がある。注目すべきことは、クレードが分布する地域間の地理的距離の近さが、系統樹における系統的近縁性とは必ずしも一致しないことである。

まず、西系統は二つのクレードに分かれ、一つは西ヨーロッパに分布するクレード1、もう一方はクレード2である。そのうちクレード2aは北米アラスカ太平洋沿岸のABC群島(アドミラルティ島、バラノフ島、チチャゴフ島)に分布し、前述のように、クレード2bはホッキョクグマがもっているミトコンドリアDNAなのだ。

西ヨーロッパと北米アラスカのABC群島は、地理的にはかなり離れているが、西系統に含まれている。

さて、染色体DNAの情報に基づき、ヒグマと約六十万年前に分岐した別種であると考えられているホッキョクグマが、ヒグマのミトコンドリアDNAの分子系統樹のなかの一集団になってしまうことは大変興味深い現象だ。どうしてこのようなことになったのだろうか? その理由として考えられていることは、過去にヒグマとホッキョクグマが種分化した後に、進化の過程で交雑が起こり、ホッキョクグマ本来のミトコンドリアDNAは消え去り、ヒグマのミトコンドリアDNAの一系統がホッキョクグマに移行した「遺伝子移入」というものである(Hailer et al. 2012)。

次に、東系統を見てみよう。東系統は、クレード3、クレード4、クレード5の三つのクレードで構成されている(図3-1)。

まず、クレード5は東系統内で最初に分岐した古い系統で、チベット高原のヒグマが有しているものである。次に分かれた系統はクレード4で、北海道の道南および遠く離れた北米のロッキー山脈に分布している。

クレード3は、さらにサブクレード3aと3bに分けられる。まず、クレード3bは、道東と東アラスカに分布している。一方、サブクレード3aは、さらに3a1と3a2に分けられる。クレード3a1は最も広範囲に分布しており、東ヨーロッパからシベリア、サハリン、西アラスカまでのヒグマがもっている。クレード3a2は、北海道の道北-道央のヒグマのみがもっているタイプである。

北海道ヒグマは世界のヒグマの移動史を解く鍵を握る

このようなミトコンドリアDNAクレードの分子系統関係と北半球での地理的分布の全貌を考慮すると、前述したような「北海道へ三度渡来した」という移動史が導かれる。

ンジア

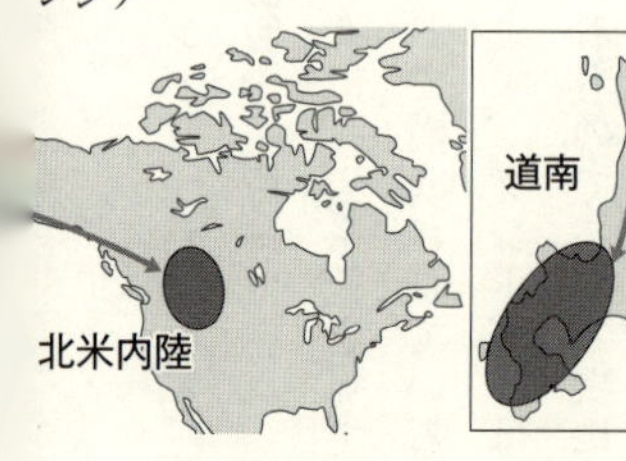

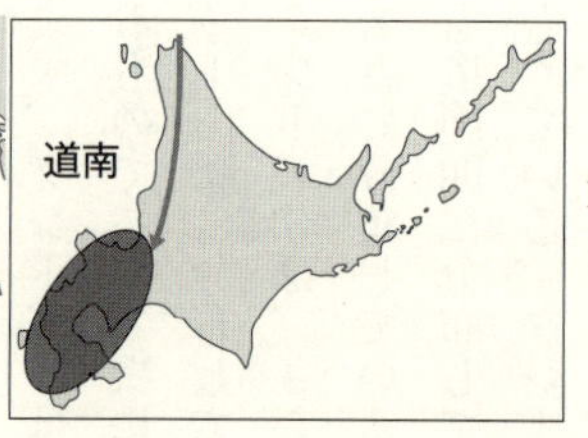

1回目
（クレード4）

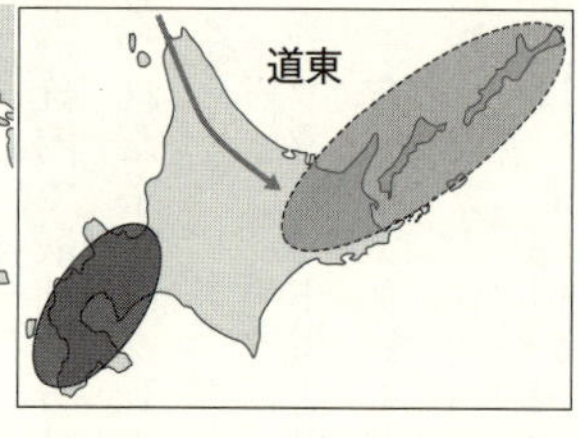

2回目
（クレード3b）

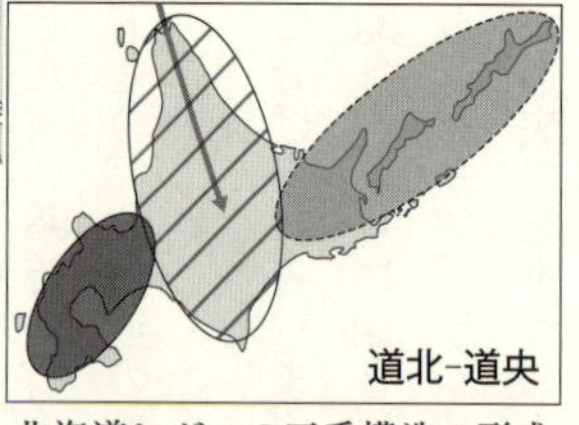

3回目
（クレード3a2）

北海道ヒグマの三重構造の形成

ヒグマの移動．Hirata et al.(2013)，増田(2017)より作図．

さらに、北海道への渡来時期や順序は、ユーラシアからベーリンジアを経て北米へ渡来した説と深い結びつきが示唆される（図3-2）。

つまり、ユーラシアで分岐したクレード4が、まず、サハリンを経て、北海道へ最初に到達したと思われる。現時点では、朝鮮半島、日本の本州を経て、北海道へ到達したというルートも否定できない。

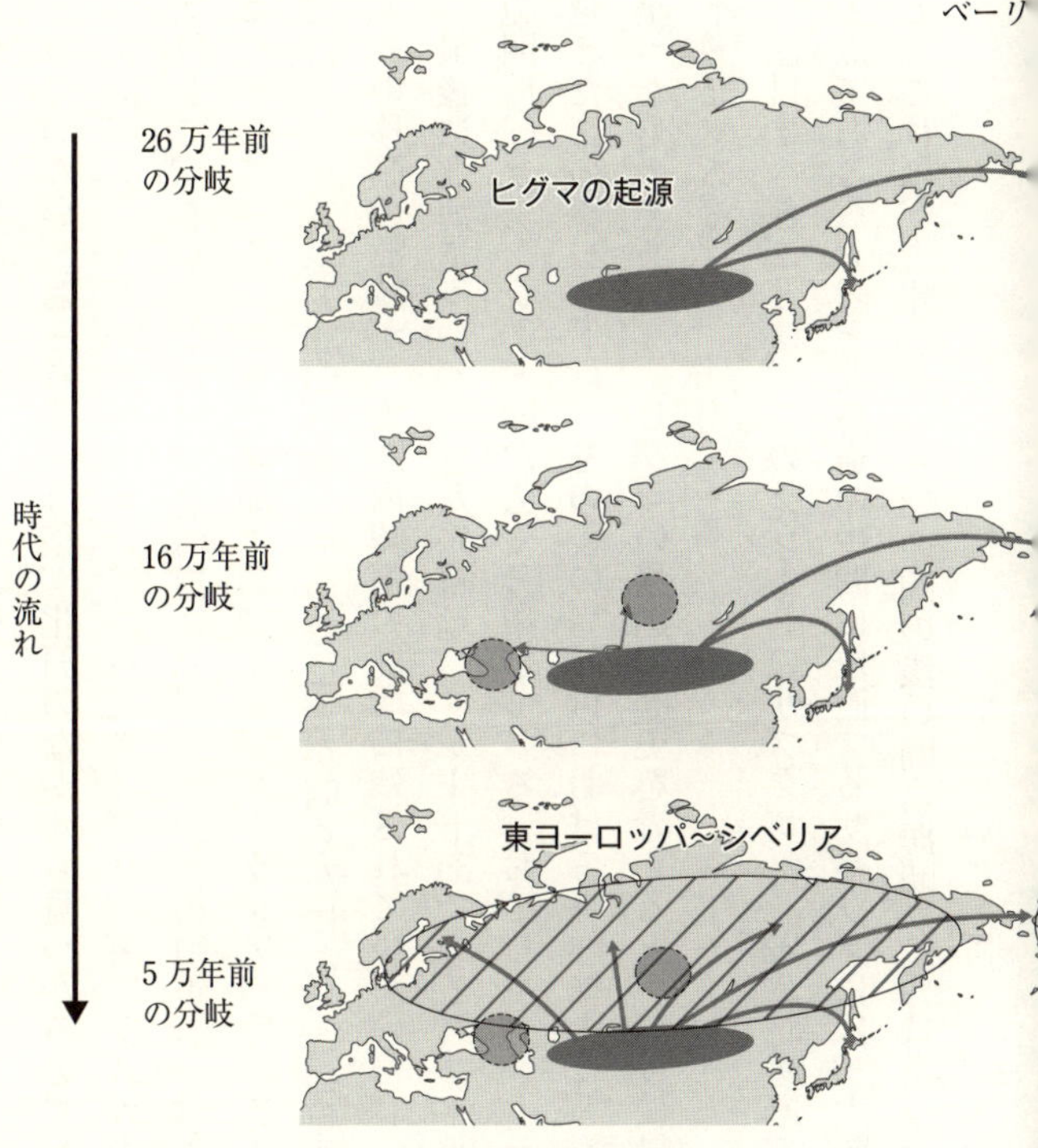

図3-2　ミトコンドリアDNAクレードの分布に基づく

当時は、クレード4がユーラシアに広く分布していたのであろう。また、北米大陸へ最初に渡ったのもクレード4で、北米大陸を南下したが、ヒグマにとって温暖すぎる気候のなかにある中米を通過することができなかったものと思われる。さらに、気候変動により、クレード4の分布域は縮小され、北海道南部とロッキー山脈に極限されるようになったものと推察される。ユーラシア大陸では、今のところ、クレード4は発見されていない。おそらく、今後、化石のなかから見つかるのではないだろうか？

次に、クレード3bがユーラシアから北米に渡り、東アラスカまで到達し、現在に至っている。並行して、クレード3bは、北海道に到達し、現在の道東および南千島(クナシリ島、エトロフ島)に分布している。さらに詳細に調べると、ユーラシア内陸のアルタイ地方およびコーカサス地方にも、クレード3bが分布していることが明らかになった(Hirata et al. 2014)。やはり、クレード3bの移動の痕跡が、大陸内陸部の局所に残されていたのだ。

最後に北海道へやってきた系統は、クレード3aである。ユーラシア大陸と西アラスカには広範囲に、サブクレード3a1が広く分布している。おそらく、ユーラシア内陸部で最終氷期を乗り越えたこのクレードは、その後の完新世における森林拡大にともなって分布を拡大し、現在に至ったものであろう。ヒグマの移動の歴史を考えると、最後に最も広く分布拡大したのがクレード3aである。

注目すべきことは、このクレードのサブクレード3a2が北海道の道北–道央にのみ分布している点である。大陸と北海道の中間に位置するサハリンには、大陸型であるクレード3a1が分布する。これは、大陸とサハリンの間の浅い間宮海峡(水深は最浅部で八メートル程度)が数千年前まで陸橋でつながっていたことにより、ヒグマの往来が高頻度であったことを示している。

一方、サハリンと北海道の間にある宗谷海峡の水深は五〇から六〇メートル程で、最終氷期後の約一万二千年前に形成されたものである。現在の北海道に分布するサブクレード3a2は、その時から、またはそれ以前から、サブクレード3a1から分かれ、北海道のなかで地理的に隔離され遺伝的分化が進んだものと考えられる。

このように、北海道は、ヒグマの世界的な移動を研究するためにも重要な地域なのである。

メスグマの行動の保守性と母系遺伝子

メスグマは、母グマのなわばりの周辺に自身のなわばりを形成することが知られている。さらに、すでになわばりが形成されている場所に侵入していくよりも、ヒグマが不在の地域（急激な気候変動や火山活動によって森林がダメージを受けた後、再び森林を取り戻した地域など）に進出し、新しくなわばりを形成してきたのであろう。そのため、ミトコンドリアＤＮＡのクレードの分布が混在することなく、さらにその分布境界線が明確になっているものと思われる。あくまでもこれは、母系遺伝子から見た分布の歴史である。

オスの広い行動範囲に影響された父系遺伝子の分布はこれとは異なり、検出される遺伝子型の地理的構造が明瞭ではなく（近縁の遺伝子型が地理的に近い場所に分布するわけではなく）、さらに、海外のヒグマの遺伝子型と比べると、北海道集団は一つのクレードになってしまう（Hirata et al. 2017）。

また、常染色体のゲノム解析から見た特徴は、地理的に近い集団どうしが遺伝的にも近縁であり、ミトコンドリアDNAで見られるような明瞭な北海道ヒグマの三重構造を形成することはなかった（Endo et al. 2021）。

これらの結果は、オスグマの広い行動能力によるものであると考えられる。よって、ヒグマの「移動の歴史」を把握するには、現状では、ミトコンドリアDNAが重要な情報を示していると思われる。

2　ネアンデルタール人はヒグマと出会っていたのか

ネアンデルタール人とは誰か

さて、人類はいつ、ヒグマと出会ったのか？

この疑問は、第4章のクマに対する儀礼や儀式を考えるうえで重要な課題である。人類がヒグマという存在を知ったのはいつかについて考えてみたい。ヒトの精神的文化のなかにクマがとけ込むことにより、クマ送り儀礼が発展したのであり、人類とクマの出会いの歴史を把握しておくことは重要である。

人類というと、まず、私たちは自身であるホモ・サピエンス（*Homo sapiens*）を思い浮かべるだろう。本章1節で述べたように、中国内で発見されたヒグマの最も古い化石の年代は約五十万年前（更新世中期）である。ホモ・サピエンスの移動については次節で述べるが、かれらが中国大陸へ到達した頃（約四万年前以降）には、すでにヒグマはその地に存在していたはずだ。

さて、もう少し、人類の進化を考えてみよう。これまでに、直立二足歩行をしていたと思われる人類としてこれまでに約二十種が進化したが、ホモ・サピエンス以外はどういうわけか、すべて絶滅してしまった。そのなかで、ホモ・ネアンデルターレンシス（*Homo neanderthalensis*：以下、ネアンデルタール人と呼ぶ）は、ホモ・サピエンスと同じホモ属で最も近縁な化石人類である。ネアンデルタール人の古代ゲノム解析を推進したスウェーデン出身のスバンテ・ペーボ博士は人類進化学研究に大きく貢献し、二〇二二年にノーベル生理学・医学賞を受賞したこともあり、ネアンデルタール人という古人類の名は広く一般に知られるようになった。

ネアンデルタール人の化石は日本列島からは発見されていないが、ヨーロッパおよび西アジアの遺跡から数多く発掘されており、その年代は約十四万から十三万年前のものである。推定身長は一五〇から一七五センチメートル、推定体重は六四から八二キログラム、脳容量の平均値は一四五〇ミリリットルで、ほぼ現代人の脳容量と同じである。頭骨の形態は前後に長く、眼窩上隆起が発達し、顔面が前に突き出ており、ホモ・サピエンスとは少し異なっていることが知られている（参照 篠田 2022）。

また、ネアンデルタール人がどのような社会や文化をもっていたかについても議論されている。

ネアンデルタール人の脳の容量は現代のホモ・サピエンスとほぼ変わらないが、頭骨形態の特徴として後頭葉が発達している。後頭葉は視覚に関わる大脳新皮質であるため、この発達は、ネアンデルタール人の日照量の少ない高緯度地方での生活への適応であるという考え方もある。それに対し、ホモ・サピエンスの大脳では、思考や創造を生み出す大脳新皮質の前頭葉が発達しているという点に違いが見られる。これは、ネアンデルタール人とホモ・サピエンスの間で、社会や文化の構造が違っていたことを推察させる（ダンバー 2016; 篠田 2022）。しかし、この違いだけで、ネアンデルタール人が、クマ送り儀礼を行っていたかどうかを判定することは難しいと思われる。

一方、最近の全ゲノム解析の進展により、これら両人類の間で交雑が起こり、絶滅したネアンデルタール人の数パーセントのゲノムDNAが、ユーラシアの現在のホモ・サピエンスに受け継がれていると報告されている(ペーボ 2015)。少なくとも、両者の間で遺伝的な交流が行われていたことを考えると、頭骨形態が多少異なるネアンデルタール人が、ホモ・サピエンスと共通した精神的感情や精神的文化が生まれる下地をもっていたとしても不思議ではない。絶滅したネアンデルタール人が、この後述べる絶滅種ホラアナグマを対象にした何らかの儀礼を行う精神文化的な段階に到達していたことは否定できないだろう。

ホラアナグマは絶滅した大型のクマ

第1章で紹介したように、ホラアナグマ(図1-8)は約二万五千年前に絶滅した大型のクマで、ヒグマとホラアナグマの分岐年代は約一六〇万年前と推定されている。その分布域は、ヨーロッパからシベリアにかけてであった。日本列島からの出土例はない。ホラアナグマが生存していた地域も時代もネアンデルタール人の状況と重なるため、当然、互いが出会う機会があっても不思議ではない。

これまでのユーラシア西部での考古学や古生物学の発掘調査により、同じ洞窟の堆積物からネアンデルタール人とホラアナグマの化石骨が発見されたことがある。つまり、両者が住居として同じ洞窟を利用していたものと思われる。もちろん、生前に両者が同じ時期・時間帯に同居していたわけではなく、一方が利用していない時期に、もう一方が利用していたと考えるべきである。

ホラアナグマは、ヒグマよりもずっと大型であるため、山林の地面に穴を掘るよりも、自然に形成された洞窟を利用して冬眠していたものと思われる。ホラアナグマが冬眠していたかどうかの証拠はないが、洞窟から数多くのホラアナグマ骨が発見されること、分布域が北半球で寒冷な気候帯であること、ヒグマに系統進化的に近縁であったこと、などの状況から考えて、冬眠していた可能性は高い。また、ヨーロッパには石灰岩の洞窟が数多く分布するが、そこで死亡した動物の骨は一般的に残存状態が良好であり、ホラアナグマの化石もそのようである。

ホラアナグマは大型であるため、行動範囲もヒグマよりは広かったと予想される。また、体力を維持するために、多量の餌資源を確保する必要があった。こう考えると、ホラアナグマの個体群密度はヒグマより低かったものと思われる。

ホラアナグマとネアンデルタール人との関係

これまで、しばしば議論されたのは、ネアンデルタール人がホラアナグマを対象にクマ送り儀礼を行ったかどうか、という問題である。年代や分布地を考えると、ネアンデルタール人はホラアナグマだけでなく、ヒグマにも出会っていたことは間違いないであろう。ただ、ネアンデルタール人の精神文化のなかで、ホラアナグマやヒグマはどのような存在であったのだろうか？　クマ送り儀礼を行うまでの精神構造や社会構造が発展したのであろうか？　今のところ、この疑問に対する明確な解答はない。

小野(2006)は、考古学的な側面から、ネアンデルタール人がホラアナグマに対する儀礼を行っていたかどうかについて検証している。過去の様々な文献に基づき検討されたが、ホラアナグマに対する儀礼的な行為がネアンデルタール人によって行われていたという明瞭な考古学的証拠は見あたらず、儀礼を行った可能性は極めて低いと述べている。

第4章で紹介するように、クマ送り儀礼が生まれるまでには、狩猟から始まる「儀礼成立の時間」の経過が必要になると思われる。ネアンデルタール人にそれだけの十分な時間があったかどうか？　さらに、ヒトを取り巻く環境からも影響を受けるため、ネアンデルタール人がクマと出会ったからといっても儀礼の発展に到るかどうかはわからないない。ネアンデルタール人の進化において、クマと出会ってからかれらが絶滅するまでの時間がどれほどあったのか、が重要な要因になるであろう。クマ送り儀礼という行動を発展させる精神的素因はもっていたとしても、儀礼を発展させる前にかれら自身が絶滅したのであれば、明確な儀礼は生み出されなかったことになる。

また、付記しておきたいことは、ネアンデルタール人とホラアナグマの両者の絶滅には何か関連性があったのだろうか？　これにも今のところ明確な解答はない。両者の絶滅の要因に直接的な関係がないにしても、両者が絶滅種であることが、考古学・古生物学の側面から両者の文化的関係に関心がもたれてきた理由であるように思われる。

3　ホモ・サピエンスとヒグマとの出会い

四者の出会い

ここで、ホモ・サピエンスとヒグマとの関係についての議論に入っていきたい。

両者はともに絶滅しないで、現代に生きる種である。これまでに登場したネアンデルタール人とホラアナグマはともに絶滅種。これら四者は、進化の時間のなかで、互いに出会っていたと考えられる。

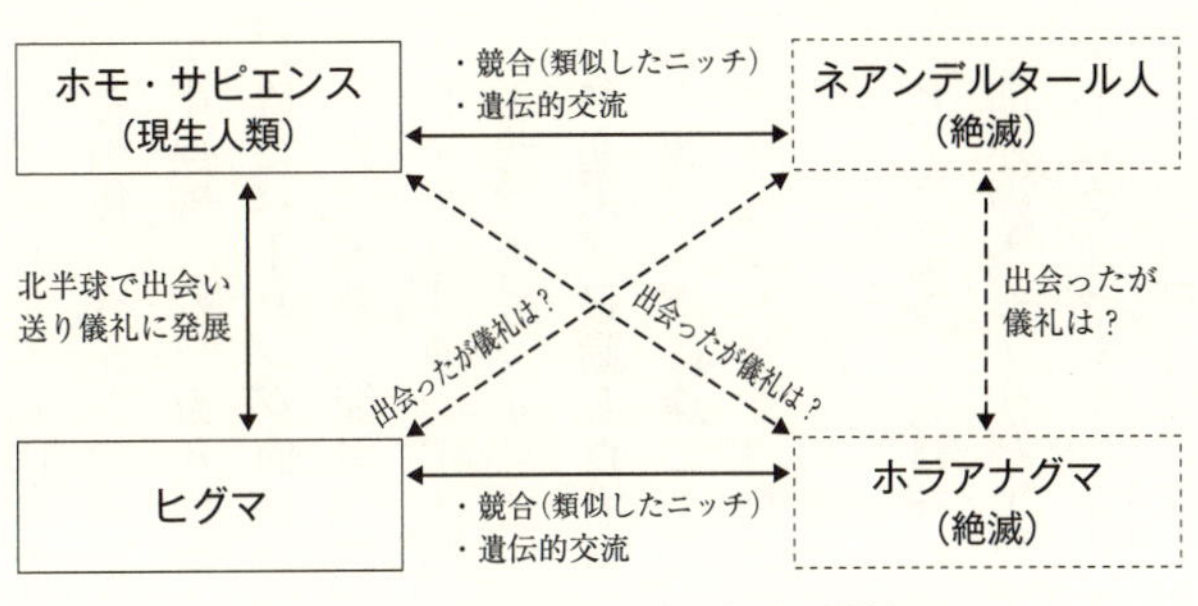

図3-3　人類とクマの4者間の関係

しかし、生物学的特徴の違いや絶滅の経緯があるため、精神文化に関わるクマ送り儀礼への道筋を考えると、四者の関係はそれほど単純ではない（図3-3）。ただ、現在、はっきりいえることは、ホモ・サピエンスは、ヒグマという動物を対象として、狩猟からクマ送り儀礼を発展させたことである。

ホモ・サピエンスの分布拡散

現生人類であるホモ・サピエンスについては、各方面で研究が進展している。そのなかで、人類学的な移動の歴史も明らかにされつつある。

ホモ・サピエンスの故郷はアフリカで、約二十万年前に進化したと考えられている。その後、約六万年前にアフリカを出ることになったが、現在、二つのルートが提示されている。一つは、北東部からレバント（シリアや小アジアの地中海東沿岸）を通過し、ユーラシア大陸へ拡散する北方ルートである。もう一つは、アラビア半島南岸を経た南方ルートである(参照 篠田2022)。

その後、今から約四万三千年前にはヨーロッパ、約四万五千年前から四万年前にはユーラシア中央部、約三万年前から二万五千年前にはユーラシア北部のシベリア、そして、約二万年前以降にベーリング海峡(当時はベーリング陸橋)を経て北米大陸へ渡ったと考えられている。

一方、本章1節および2節で述べたように、ヒグマは約四万年前には中国大陸に分布していたので、ユーラシア大陸において北上してきたホモ・サピエンスと出会ったものと思われる。

また、ホモ・サピエンスとヒグマは、ほぼ同じ時代(約二万年前以降)にベーリング陸橋を渡って北米に移動したものと考えられる。その後、ホモ・サピエンスは約一万年前までには、南米大陸の南端に達した。一方、ヒグマは、寒冷地に適応した動物なので、中米には南下せず北米大陸内にとどまった。

ヒグマが獲得した精神的ニッチ

前述のホモ・サピエンスとヒグマの分布年代や分布域が妥当なものであるならば、両者の出会いはユーラシアにおいて、約四万年前から始まっていたといえる。

一方、前節2で述べたように、この後、ネアンデルタール人とホラアナグマは絶滅している。

特に、ホラアナグマの絶滅は、ホモ・サピエンスに対して、ヒグマの存在への認識を増強させ、精神文化であるクマ送り儀礼への道をより早く導いたといえるかもしれない。

生態学の分野に「ニッチ（生態的地位）」という用語がある。ニッチとは、生態系においてその生物が占める役割のことをいう。ある種が絶滅することにより、別の種が果たすニッチの空間が広がり、結果として種の多様化が進むことがある。

たとえば、今から約六六〇〇万年前に巨大隕石が地球に衝突した結果、当時繁栄していた恐竜の仲間がほとんど絶滅したため、生態系における多くのニッチが空白となり、まだ小型で物陰に潜んで生活していた哺乳類の祖先の種分化が開花したと考えられている。

このニッチの考え方に基づくと、確かに、ホラアナグマの絶滅が、ヒグマのニッチを平面的にも拡大させたと思われるが、それだけにとどまらず、ホモ・サピエンスの心のなかで、ヒグマの存在を認識する「精神的ニッチ」が拡大することにつながったのではないか。前節2で述べたように、ホモ・サピエンスにおいて大脳新皮質の前頭葉がすでに十分発達していたことも重なり、ヒグマに対する儀礼を生み出す下地ができあがったといえるだろう。

洞窟壁画のクマはホラアナグマかまたはヒグマか

古代人が種々の動物と出会っていたことを示す証拠として、狩猟された動物の骨が遺跡に残されていることの他にも、動物をかたどった石および骨の彫刻や土器が出土すること、そして洞窟に描かれた壁画の発見がある。ここでは、洞窟壁画について考えてみたい。

これまでに、フランスやスペインを中心として、ヨーロッパの旧石器時代における洞窟遺跡から動物の壁画が多数報告されている。そこから、人類とクマの関係も垣間見ることができる。五十嵐ジャンヌは著書『洞窟壁画考』において、フランスやスペインを中心としたヨーロッパの動物壁画について調査分析をまとめている。更新世末期にあたる約四万年から一万四五〇〇年前の後期旧石器時代に、ヨーロッパの動物壁画は描かれたと考えられている。ラスコー、アルタミラ、ショーヴェなどの洞窟が有名であるが、洞窟壁画に描かれた動物には大型の狩猟獣が多い。さらに、その動物をグループ化すると、まず、更新世末期に絶滅した大型獣で、ケナガマンモス、ケサイ、オオツノジカが含まれる。また、別のグループでは、その時代を生きながらえた現生種であるバイソン、ヤギュウ、トナカイなどの偶蹄類が多い。

それらのなかで、明らかにクマをイメージした絵画も発見されている。しかし、ここで問題となるのは、描かれたクマが、当時のヨーロッパに生息していたヒグマまたは絶滅種ホラアナグマのどちらであるのか、種の判定が明確ではない、という点である。

壁画は一見写実的に見えても、ヒトが洞窟のなかで松明を焚きながら描いたものと考えられるので、その動物種の形態的特徴を正確には表現されていないこともあるだろう。また、サイズの相対的違いも明確ではない。そもそも、現在においても、ホラアナグマの化石から生前の姿を正確に復元することは困難であるため、壁画のクマを評価することにも困難がともなう。このようなことがあるため、クマの壁画から、ホラアナグマか、またはヒグマかを明確に区別することが難しいのである。

図3-4　フランス・ドルドーニュのテジャ洞窟で見つかった旧石器時代のクマの壁画．Kurtén(1976)より．

たとえば、図3-4は、フランスのドルドーニュにあるテジャ洞窟で見つかった旧石器時代のクマの壁画である。前述のクルテン(2015)は、このクマ壁画の頭部が丸みを帯び、かつ四肢が細いので、ヒグマではないかと述べている。ヒグマに比べて、ホラアナグマらしきクマの壁画は少ないという。

五十嵐によると、ケナガマンモス、ホラアナライオン、ケサイに比べるとクマらしき動物の壁画は少数であるという。また、ホラアナグマは前肢が後肢より長いため、そのシルエットでは肩から臀部にかけて下がっている。それに対し、ヒグマでは体の後方の方が高い。一方、ホラアナグマは、ヒグマより額が盛り上がっているため、鼻を含む鼻面(はなづら)との間に段差があるという。

いずれにしても、洞窟壁画には、ヒグマやホラアナグマが対象となっており、これは、人類がかれらと出会い、かつ、壁画の対象とするにたる動物であったことを示している。

クマの洞窟壁画を描いたのは誰か

では、クマを含めた洞窟壁画を描いたのは誰なのか？

前述したように、ホモ・サピエンスがアフリカを出てヨーロッパに到達したのは約四万三千年前であり、動物壁画が描かれたのは、更新世末期にあたる約四万年から一万四五〇〇年前の後期旧石器時代であろうとされている。

この時代には、ネアンデルタール人とホモ・サピエンスがヨーロッパに存在し、地域によっては両者が共存していたことも想定されている。両人類の社会性や精神文化と関連して、絵を描いたかどうか、絵を描く能力があったかどうか、という問題となる。これは石器の精巧性と関連があるのだろうか。

これまでのヨーロッパにおける両人類の考古学的研究により報告されている文化名と時代は

以下の通りである。

ネアンデルタール人については、約九万年から七万五千年前に発生し、約三万五千年前まで続いたムスティエ文化、約三万六千年から三万二千年前のシャテルペロン文化である。

一方、ホモ・サピエンスでは、約四万年から三万四千年前のオーリニャック文化、約三万四千年から二万五千年前のクラヴェット文化、約二万五千年から二万年前のソリュートレ文化、約二万年から一万四五〇〇年前のマドレーヌ文化と続いた。

これらの文化期やその地域には、すでにヒグマは生息していた。また、ホラアナグマも分布していた（途中で絶滅するのだが）。

ネアンデルタール人のシャテルペロン文化は、時代的にホモ・サピエンスのオーリニャック文化に重なっている部分がある。しかしながら、五十嵐が述べているように、洞窟壁画や装身具を発展させていた明らかな証拠が残っている人類はホモ・サピエンスのみと考えられている。

なぜクマの洞窟壁画を描いたのか

クマが洞窟壁画に描かれた理由はなんであろうか？

前述したように、壁画にはクマ以外に他の狩猟獣も多数描かれているため、壁画動物群のなかにクマが含まれているととらえた方が適切かもしれない。明確な理由は特定されていないが、五十嵐は『洞窟壁画考』のなかで、その理由について次の四つの説をあげている。

まず、一つめは、「遊戯説」。これは、壁画を描く行為そのものに純粋な楽しみを見出し、美術制作につながるという考え方である。

二つめは、「呪術説」である。食べるための動物を対象とした「狩猟のための呪術」、ヒトにとって危険な動物を対象とした「駆除のための呪術」、そして、ヒトに食される動物の増殖を願う「増殖のための呪術」というものである。クマはヒトに危害を加えるため、排除すべき動物として、壁画により「駆除のための呪術」がなされたというものである。

三つめの理由は、「トーテミズム」である。あるヒトの集団が特定の動物種(トーテム)と特殊な関係をもつ信仰のことを指すが、これにはいろいろな批判があるようである。

四つめは、「シャーマニズム」。霊界と交信することができる能力を有するシャーマンが関わる神秘的な儀式のこと。シャーマンとクマの儀礼の関係については、第4章で述べる。

以上のような説が提案されてきたが、古代人が洞窟壁画を描いた理由は今も明確ではない。現代の美術感覚からは予想もつかない理由で描かれたのか? または、それほど複雑な理由ではなく、単に古代人の目に映るイメージを描きたいと思ったことがきっかけだったのかもしれない。

古代人の心の意識に生まれたイメージは、彼らが見た夢に由来する可能性がある。夢とクマの関係については、第5章で述べる。

さらに、ヨーロッパの洞窟壁画として動物が描かれた動機は、第5章で述べる南米ナスカの地上絵が制作された意識構造に通ずるものがあるかもしれない。

4　北方民族文化のなかで生き続けるヒグマ

北方文化におけるヒグマ

これまでに述べてきたように、北半球におけるホモ・サピエンスとヒグマの出会いは、偶然でありながらも、その後の人類の精神的文化の発展に深く結びついたものと考えられる。第4章で詳しく語るが、北半球のヒグマ分布域において、北方民族のクマ送り儀礼が広く発展することになる。天野(2008)は、北半球におけるこの地帯を「ヒグマの文化ベルト」と呼んだ。

第2章で見てきたように、ヒグマはヒトにとって、危害を加える恐ろしい動物でもある。現代では、ヒグマとは十分な物理的距離をとりたいと誰しもが思っている一方、進化・歴史上は、両者の偶然的出会いがヒグマの文化を生み出し、精神的距離が極めて接近したことを述べた。

この二面性の間にあるギャップが大きければ大きいほど、ヒグマに対する神秘性が増し、ヒトが感じる文化的な感情の深みは増大するのではなかろうか。北半球の精神文化のなかで生き続けるヒグマについては、次の第4章で詳述する。

また、最近のゲノム解析から得られた興味深い知見として、絶滅種ホラアナグマのDNAが、現生のヒグマのゲノムのなかに生き続けていることがある。さらに、絶滅したネアンデルタール人のDNAが、現生人類ホモ・サピエンスのなかに残されていることは前述した。これら四者のDNAは、現在も関連しながら、脈々と息づいているのである。

ホラアナグマとヒグマ、そして、ネアンデルタール人とホモ・サピエンスという二対の相互関係は、ちょうど、鏡に映った対称的な現象といえるかもしれない。この関係性は、ヒトとクマの精神的文化やその歴史を考えるうえで、頭の片隅に置いておいてもよいだろう。

アルプスのアイスマンとヒグマ

今から約五三〇〇年前の青銅器時代（日本では縄文時代中期にあたる）、ヨーロッパのアルプス山中で一人の男性が息を引き取った。もちろん、彼はホモ・サピエンスである。その後、一九九一年、アルプス山中の雪解けのなかから、動物皮の衣類をまとった状態で彼は発見され、チロルのアイスマンと呼ばれるようになった。アイスマンについては、人類学、考古学、民族学などの分野から様々な研究がなされ、その一つに、彼が身につけていた動物の皮革製品の種同定に関する分析報告がある(O'Sullivan et al. 2016)。

その皮革製品が由来する動物種を同定することは、当時の人々の生活様式、行動範囲、家畜や狩猟動物の利用などを知るうえで重要な情報をもたらしてくれる。動物種の同定には体毛がついた状態の皮膚が適しているが、長い年月の間に、動物の体毛は皮膚から抜け落ちてしまうため、彼の所持品の詳細な種の同定は困難な状況であった。

そこで、アイスマンが身につけていた皮革製品について、ミトコンドリアDNA分析による動物種の判定が行われた。その結果、所持されていた皮革製品六種類が哺乳類五種に由来することが明らかになった。

まず、いくつかのコートは、家畜のヒツジまたはヤギの皮製であった。腹巻はヒツジ、ズボン(レギンス)はヤギ、靴ひもはウシの皮でできていた。分析の結果明らかになったDNAタイプは、今日の各家畜に高頻度で見られる系統に含まれていた。これは、当時のヨーロッパにおいて、すでに家畜化が進んでいたことを示している。

一方、興味深いことに、矢筒は野生のシカの一種であるノロジカの皮でできており、そのDNA系統は現在のヨーロッパ中央部由来のものであった。さらに、帽子はヒグマの皮で作製されたもので、そのDNAタイプは西ヨーロッパの系統であった(その論文には記されていないが、本章で述べたクレード1に相当する)。これらのDNA系統の特徴により、当時、アイスマンが近隣の地域で採集した野生動物の皮を使って携帯品や衣料用を作製していたことが明らかになったのである。

ヒグマ製の帽子は、おそらく、毛皮の状態で製作されたと思われる。ヒグマの毛皮が厚いという理由だけで使用されたのか？　ヒグマの力強さにあやかるなど、ヒグマでなければならない精神的な理由があったのだろうか？　帽子に何か装飾が施されていたのか？　アイスマンとヒグマとの関係についても興味が尽きない。今後の研究展開に注目したい。

5　言語地理学とヒグマ

言語地理学とは

ホモ・サピエンスがアフリカを出て、ユーラシア大陸内でヒグマと出会った時期である今から数万年前には、すでに言語は使われていたであろう。ヨーロッパに到達したホモ・サピエンスが、ヒグマとホラアナグマをどのように区別し、呼び分けていたのだろうか？　個人的には大変興味のあるところであるが、今となってはそれは永遠の謎である。

ホモ・サピエンスの分散・定住後、各地で発展した多様な言語の分布、地理的変化、その系統を調べる研究分野を「言語地理学（または地理言語学）」という。言語地理学はヒトの言語文化を対象にはするが、その地理的分布や類縁度から系統・歴史をたどるという点で、生物地理学と共通するところがある。

その一環として、先住民における種々の動物の呼び名が調査されている（Suzuki et al. 2022）。ユーラシア各地におけるクマの現在の呼称の多様性を調べてみることは興味深いことである。もちろん、その呼称には方言も含め地域間の相違があり、共存したり近接して分布する別種のクマが区別されて呼ばれていることがわかった。

アイヌ文化におけるヒグマの呼称

アイヌ語では、山の神としてヒグマを「キムンカムイ」と呼ぶ。また、ヒグマの雌雄間や成長段階によって呼び名が異なることも知られている。これは、第4章で述べるように、クマ送りの儀礼形式に雌雄の区別があることや、仔グマの飼育型クマ送り儀礼が発達したことと深く関係していることによるものと思われる(Fukazawa 2022a)。

大陸北東部でのヒグマとホッキョクグマの呼び名

チュコト—カムチャツカ語派の言語が話されるユーラシア北東部では、四つの民族でヒグマとホッキョクグマの呼び名が調べられている(表3-1)。これらのクマ二種の呼び方にも、地域性が見られる。

チュコト半島からカムチャツカ半島に生活する三つの民族(北方からチュクチ、アリュートル、コリャーク)では、ヒグマの呼び名が「ケイグン〜カイグン」のタイプである。それに対し、カムチャツカ半島の南部に生活する民族イテリメンにおけるヒグマの呼び名は、上述の三民族の言語とは異なっており、イテリメン語の北部方言では「ウェーカンリ」、南部方言では「メッカイ」である。

また、チュコト—カムチャツカ語派の地域はホッキョクグマが分布する北極圏に位置しており、ホッキョクグマのことをチュクチ語では「ウムケ」、アリュートル語とコリャーク語では「ウムカ」という。

一方、イテリメン語にはホッキョクグマに関する呼び名がない。これはイテリメンの人たちが生活するカムチャツカ半島南部には、ホッキョクグマが分布していないためだと思われる(Ono 2022)。

表3-1　ユーラシア北東部の先住民族におけるヒグマとホッキョクグマの呼び名．Ono (2022)より．

民　族	ヒグマ	ホッキョクグマ
チュクチ	ケイグン	ウムケ
アリュートル	ケーグン	ウムカ
コリャーク	カイグン	ウムカ
イテリメン(北部方言)	ウェーカンリ	(呼び名なし)
イテリメン(南部方言)	メツカ'イ	(呼び名なし)

チベットで共存するヒグマとツキノワグマの呼び名

第1章で紹介したように、ヒグマは北方系であるのに対し、ツキノワグマ(アジアクロクマ)は南方系で、極東の沿海地方とヒマラヤの一部が共存地帯となっている(参照 図1-2)。特に、チベット周辺のヒグマはずんぐりむっくりした体形、比較的長い体毛、首の周囲をぐるりと囲む月輪を有し、亜種 *Ursus arctos pruinosus* に分類されている。中国語ではチベットヒグマを「馬熊」と記す。一般的には、ヒグマは「棕熊」、ツキノワグマは「黒熊」または「狗熊」と表記される。両種が分布するチベット周辺では、次のように区別されて呼称されている。

チベット・ビルマ語派の言語が話される地域では、北部に生息するヒグマは「テット」(チベット文字の転写表記では *dred*)、南部に分布するツキノワグマは「トム」(チベット文字の転写表記では *dom*)などと呼ばれ、クマ二種の呼び名の分布と生息地の分布がほぼ一致している(Ebihara et al. 2022; Tourmadre & Suzuki 2023)。また、両種の呼び名が重なる地域は、両種が共存する地域にほぼ相当するので、呼び名の分布と生息地の分布域との対応を地理的に詳細に検討することは、言語地理学と動物地理学の接点として興味深い課題である。

極東沿海地方でのヒグマとツキノワグマの区別

極東沿海地方でのヒグマとツキノワグマが共存する地域(参照 図1-2)の先住民族において、二種のクマがどのように呼ばれているか、については言語専門家から情報を得ることができなかった。

しかし、ソ連科学アカデミー(現在、ロシア科学アカデミー)のブロムレイ(1972)によると、中国東北部では猟師が両種を区別し、ヒグマを「シイ・シャザ」、ツキノワグマを「グア・トザ」と呼んでいたという。

また、先住民族ナナイの人たち(参照 図4-6)は、広葉樹林に好んで生息し木登りの得意なツキノワグマを「樹上で生活するクマ」を意味する「モ・マファ」と呼び、落葉針葉樹林(カラマツ林）やオホーツク型森林（モミ・トウヒ林）に生息するヒグマを「地上で生活するクマ」を意味する「パ・マファ」または「ナニチ」と呼んでいた。

このように、生態的特徴により、共存する地域においても両種は区別されてきたのだ。

第4章　狩猟からクマ送り儀礼へ

1　ヒグマの冬眠と春の覚醒は死と再生を象徴する

ヒグマは冬眠する動物

第1章で紹介したように、ヒグマの生態的特徴として「冬眠」をあげることができる。これは、ヒグマの他にも、ホッキョクグマやツキノワグマなど北極域から温帯にかけて分布するクマ科の寒冷気候への適応進化の結果と考えられる。

ヒグマは、秋には十分な養分をとって脂肪を蓄え、十二月頃から翌年の三月頃まで(個体差や地域差はある)、大きな樹木の根元や土中に穴を掘って冬眠する。この間、地上には姿を見せることはない。これほど大型の動物で冬眠する種は他にはない。

また、母グマは冬眠中に出産する。そして、通常、生まれた仔グマとともに二度の冬眠をする。つまり、仔グマの養育に二年という長い年月を費やす。このような冬眠および仔グマの出産と養育は、ヒグマの母性の象徴として、古代の人々に感じとられたものと思われる。

一方、ヒグマが生息する亜寒帯の森林では、春の到来とともに枯木から新緑の葉が一斉に芽

図 4-1　亜寒帯の北海道における夏(左)と冬(右)の森林．札幌にて，筆者撮影．

生え、木々の緑が夏にかけて一面に繁茂していく。そして、秋には紅葉とともに広葉樹は落葉し、冬が訪れると積雪のため林床は深い雪に覆われる。冬の景観は、夏とはうって変わって対照的に、枯木が立ち並ぶ灰色と積雪の白一色の世界となる(図4-1)。

ヒグマの冬眠は死、覚醒は再生・復活を象徴する

このような亜寒帯気候の自然景観の季節的変化、すなわち、春から夏にかけての緑に満ちた活動的な世界と冬の雪におおわれた静寂な世界の対照性は、まさに夏季に活発に活動していたヒグマの動的な姿と、冬季に冬眠のため土中に姿を消すという静的な状況の対照性に同調しているといえよう。

特に、春先の植物の緑の芽生えと、冬眠から目覚めたヒグマが土中から出てくる現象は、ともに生命の「再生」、「復活」を強くイメージさせる。一方、落葉し積雪した冬の森林の景観は、ヒグマが土中に姿を消し冬眠するという現象とともに、生命の静寂、

または「死」を象徴している。

このような季節を通したヒグマの行動の大きな変化と毎年の反復は、季節の移り変わりが明瞭な亜寒帯に生活する人々に、この動物の深い神秘性(または超自然性、二面性)を感じさせるに十分であったと思われる。ユーラシアにおける亜寒帯域は、すなわち、第3章で述べたヒグマとホモ・サピエンスとの出会いの場なのである。

2 カムイ界と人間界を結ぶヒグマ

ヒグマは動物の持ち主のもの

前節1で述べたように、人々にとって、ヒグマは亜寒帯の季節変化と同調しながら、自然の神秘性を象徴する動物ととらえられてきた。野生動物のなかでこのように認識された動物は他にはいないであろう。

一方で、古来より、ヒグマは北方民族の間で狩猟対象となってきたことも事実である。大型獣のヒグマからは、豊富な肉や脂肪、有用な毛皮、そして、薬用としての胆のうを得ることができる。

神秘性をもつヒグマを狩猟対象にすることに対し、ヒトは精神的・心理的にどのように対応してきたのだろうか？

ロックウェル著『クマとアメリカ・インディアンの暮らし』によると、北米先住民の間では、ヒグマ（および他の野生動物も含む）の存在について、その「動物の持ち主のもの」と認識し、ヒグマを捕獲する際には、その持ち主に感謝の気持ちを表す儀礼が行われてきた。その持ち主とは、自然の神（精霊）に値するものである。

北米での儀礼の一つとして、「ベアダンス」が知られている。このダンスは、先住民の人々が集って、立ちながらヒグマを真似て踊るものである。北米先住民の間では、数百種ものベアダンスがあったという。その目的は様々で、農作物の収穫の儀礼だったり、イニシエーション（精神的な通過儀礼）の前に踊ったりした。冬眠していたヒグマが春に目覚める神秘性を認めるものでもあった。

図4-2　背こすりするヒグマ．123RFより．

これは、ヒグマがなわばりを示すために、背中の分泌線から放出される臭い物質を樹木の幹などにこすり付ける「背こすり」、「マーキング」行動の姿を真似たものではないかと思われる(図4-2)。

また、ヒグマの神秘性や力にあやかる「シャーマン(呪術・宗教的職能者)」も誕生した。シャーマンは、畏敬すべき霊的な力の象徴であり、病気を治し、潜在的な癒しの力をもつと認識されていた。シャーマンはヒグマと同様であるとも信じられていたのである。

シャーマンになるためには、ヒグマの冬眠と結びついたイニシエーション儀礼がなされることが必要であり、その過程で訪れる精霊は、生涯彼の中にとどまるという。その儀礼において、「ヒグマの夢」を見ることも重要な意味をもつ。クマに関する精神的な行事や思いについては第5章で考えることとする。

ヒグマは地上界と天上界を往来する

アイヌ文化においては、ヒグマがカムイ(神)の世界から、動物の姿を借りてこの世に現れたものであると考えられてきた。

特に、ヒグマは山の神「キムンカムイ」として高い地位にあり、それを捕獲して食すに際して、そのカムイに礼を述べ、ヒグマの再来を願いながら、丁重に山々(天上界)に送り返すクマ送り儀礼が行われてきたのである。

ヒグマが自然の神の世界からやってきた神の化身であるという考え方は、ユーラシア北部の先住民の間でも広く共通するものである。ヒグマは自然と結びついた崇高なもので、畏怖の念をもって認識されている。

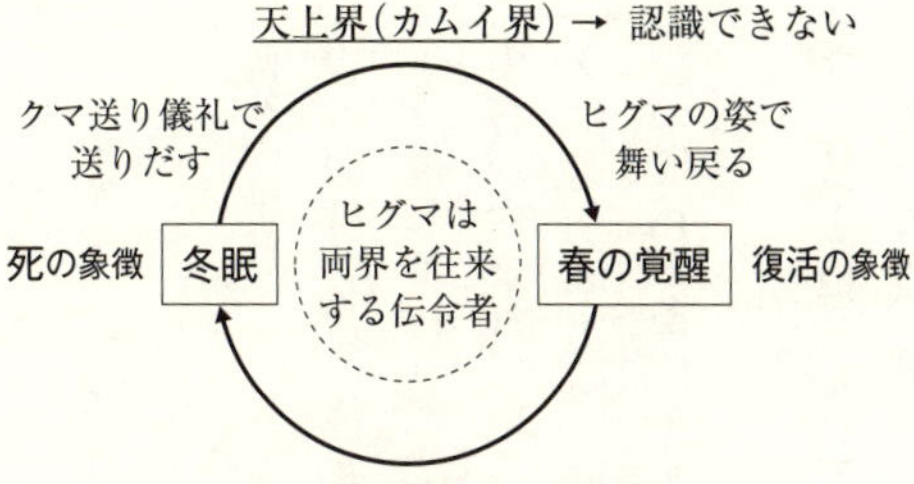

図4-3　ヒグマは地上界(人間界)と天上界(カムイ界)を往来する.

よって、ヒグマを送る儀礼では、ヒトから見れば、ヒグマは人間界(地上界)で生きた後、死して元来のカムイ界(天上界)に戻るのである(宇田川 1989)。ヒグマに対する畏敬の念と狩猟することの間の矛盾や葛藤を和らげるために、クマ送り儀礼が発達したのではないかと、天野(2020)は述べている。そして、再び、ヒグマとして戻ってくる再生・復活の概念にもつながっている。

この「生と死」の対照的な関係は、前節1で述べた「春の覚醒と冬の冬眠」、「活動の夏と静寂の冬」の関係に合致する。この対照性の世界の間を往来できるのがヒグマであり、両世界の間のメッセンジャー(伝令者)の役割を担っているととらえられる(図4-3)。

3　クマ送り儀礼の起源と発達

儀礼の条件

青木保は著書『儀礼の象徴性』のなかで、儀礼の特徴として、以下の六点をあげている。①反復して行う、②意識的に行う、③特別の行動や形式をもつ、④秩序立っている、⑤演ずる内容が含まれている、⑥集合的である。

クマ送り儀礼は、世界宗教（仏教、キリスト教、イスラム教など）に見られる儀礼ではないが、右記の儀礼の条件をすべて兼ね備えている。

北半球で発展したクマ送り儀礼

従来の文化人類学および考古学の研究により、北ユーラシアおよび北米の先住民において、ヒグマを対象としたクマ送り儀礼が広く行われていたことが知られている。特に、人類学者Hallowell（1926）が発表した英文論文（ハロウェル著「北半球におけるクマ送り儀礼」）は一七六ページにわたるもので、クマ送り儀礼の研究者にとって古典的文献となっている。その論文のなかで、北米とユーラシアの多くの民族に共通してクマ送り儀礼が行われていることが指摘されている。第3章で述べたように、ヒトが有史以前にヒグマと出会った当初は、ヒグマは他の大型動物と同様に、単に狩猟の対象と見なされていたであろう。しかし、ヒトが北半球の亜寒帯において移動しながらヒグマを狩猟する過程で、その動物としての生態的特徴、自然環境との関わり合いを認識することにより、ヒグマがヒトの心のなかに精神的存在としてニッチを得ていく。

そして、ヒトは、ヒグマに対して単なる狩猟の対象ととらえることに終わらず、精神的に深く接近し、儀礼の対象にするようになったのではないかと考えられる。

これは、ある日突然、ヒグマが自然の神(精霊)の化身と認識され始めたというよりは、ヒトとの間で徐々に精神的な距離が近くなったのではなかろうか。つまり、ヒグマについて狩猟対象と儀礼(儀式といってもよい)の対象という見方に明確な境界があるのではなく、緩やかな連続性をもっていたものと推察される。

その過程を通して、ヒトは、ヒグマの神秘性の中に畏敬の念を感じるようになった。宗教学者ルドルフ・オットー著『聖なるもの』において、神となるものには、畏怖の念、力、神秘性があると述べられている(参照　河合2009)。

まさに、ヒグマはそれらの三要素を兼ね備えた存在であり、ヒグマが自然の精霊の化身、または神からのメッセンジャーととらえられる所以がそこにあるのだろう。

4 二つのクマ送り儀礼——狩猟型と仔グマ飼育型

狩猟から狩猟型クマ送り儀礼へ

ユーラシアおよび北米において行われてきたクマ送り儀礼の挙行形式は、民族によって様々である。共通していることは、狩猟されたクマが、狩猟者を中心とする集落の人々によって食され、それにともなった地域特有の行事が行われることである。おそらく、人々の狩猟採集から農耕定住の生活様式への変遷と相まって、クマ送り儀礼も変化してきたことが考えられる。

日本でよく知られているアイヌ文化のクマ送り儀礼には、狩猟型クマ送りと飼育型クマ送りの二つの形式がある。

狩猟型クマ送り(アイヌ語ではオプニレ、またはホプニレという)では、山林で狩猟されたヒグマがその場で解体され、儀礼が行われる。これには、北半球の新旧大陸で広く行われてきたクマ送り儀礼に通ずるものがある。

飼育型クマ送り儀礼への発展

一方、春グマ猟で母グマと仔グマが狩猟された場合、母グマは狩猟型クマ送りに供される。しかし、仔グマは生きたまま捕獲され、集落（アイヌ文化ではコタンと呼ばれる）に連れて行かれる。そして、丸太で作られたオリ（ヘペㇾセㇷ゚）の中で飼育される（図4-4）。そして、その年または翌年の秋まで飼育されたクマは、コタンで開催される送り儀礼に供されるというものである。これを飼育型クマ送り（アイヌ語ではイオマンテ、またはイヨマンテ）という（図4-5）。

仔グマが小さい時は、ヒトの母乳で育てることもあったという。仔グマはぬいぐるみのようにかわいらしく、かんだり暴れたりする力も弱いので、愛玩動物のように扱われながら、ある程度成長するまで屋内で飼育されていた。また、親グマから養育を任された大事な存在であるという認識もあったという。そして、ヘペㇾセㇷ゚内で成長したクマを使って、飼育型クマ送り儀礼が行われるようになったと考えられる。

図4-4　復元された仔グマを飼育する木製のオリ（ヘペㇾセㇷ゚）．ウポポイ（民族共生象徴空間）にて，筆者撮影．

偶然に左右される狩猟に対し、飼育されたクマ（春に生まれる新生児は約四〇〇グラム、一年後

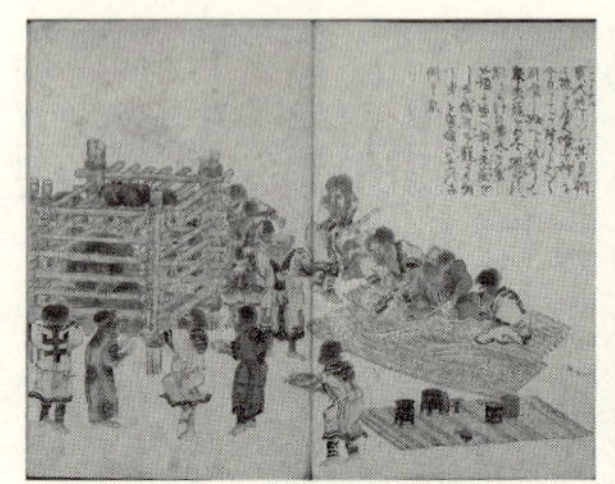

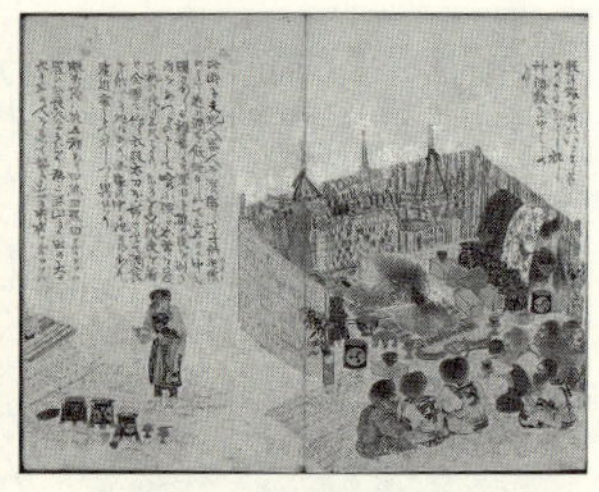

図 4-5　寛政 10 年以来蝦夷地の地理，風俗，産物などを調査した幕吏・村上島之丞(允)による記録「蝦夷島奇観」より，「イヨマンテの図：図類 76(48)北大北方資料室」(左)，「カモイノミの図：図類 76(52)北大北方資料室」(右)．北海道大学附属図書館所蔵．仔グマはヘペレセッで飼育されている．カモイノミ(カムイノミ)とは神に祈りを捧げる儀礼のこと．

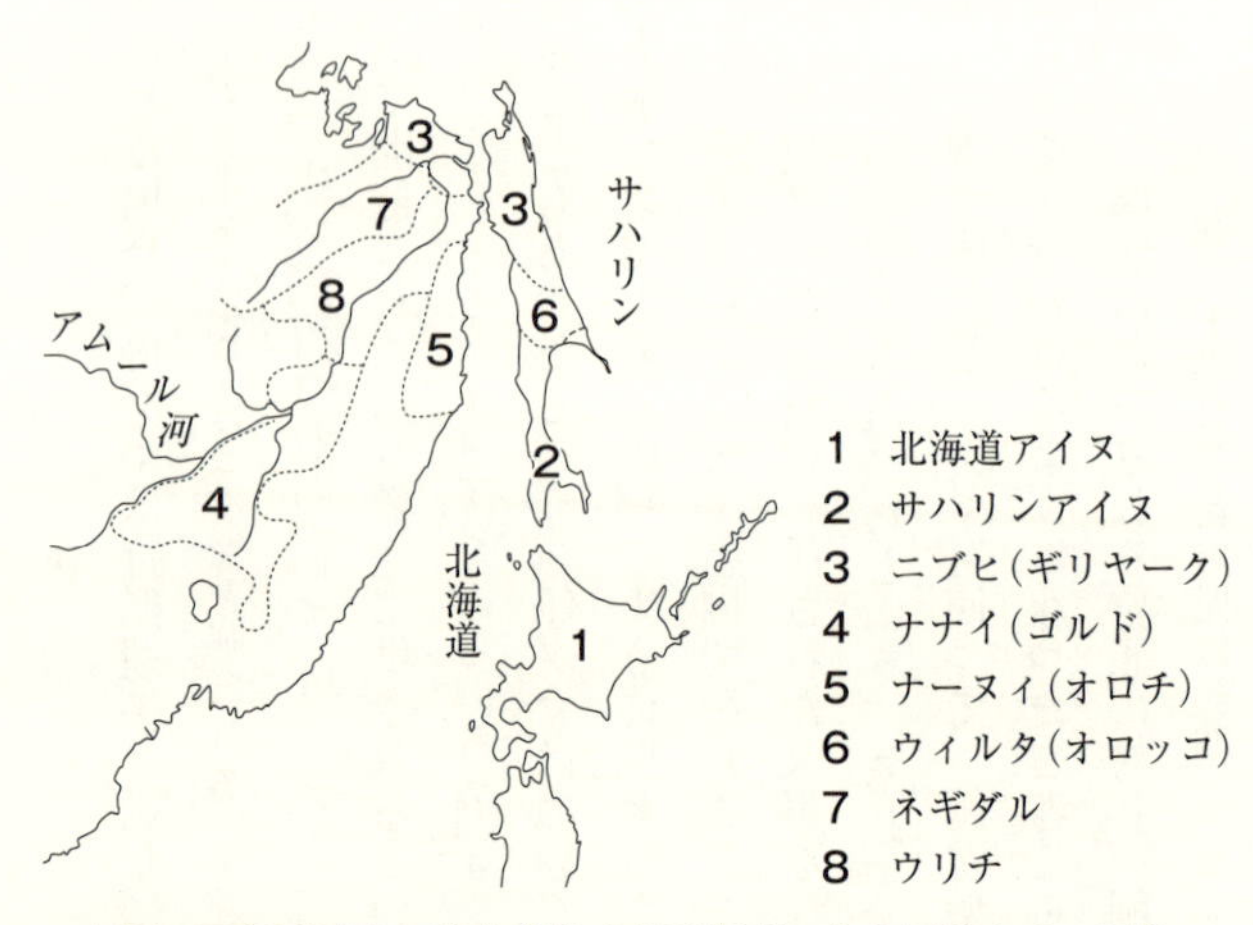

図 4-6　飼育型クマ送り儀礼を行う極東の先住民族とその居住域．宇田川(1989)より．

には約四〇キログラムに成長する。前田 2020)を使った飼育型クマ送り儀礼は、開催期日と場所をあらかじめ決めたうえで、周囲の人々に通知して挙行することができる。よって、儀礼に際して人々が集まり、その前後にも生活圏内でコミュニケーションできる飼育型クマ送り儀礼は、アイヌ文化の成立に重要な役割を果たしてきたと考えられている。このような飼育型クマ送り儀礼は、アイヌ民族のみではなく、大陸極東およびサハリンの先住民においても行われていたことが知られている(図4-6)(宇田川 1989)。

クマ送り儀礼におけるクマの性別

アイヌ文化のクマ送り儀礼では、ヒグマの性別に配慮がなされる。その代表的な事柄として、儀礼に供されたヒグマ頭骨の頭頂部において、オスでは左側、メスでは右側に穴が開けられる(穿孔という)(図4-7)(Masuda et al. 2006)。開けられた脳室には、カムイへの供物として木の表面を薄く削り出したイナウ(木幣)が入れられる。

性別はからだの外部形態から判別可能なので、最初から雌雄を認識しながらクマ送り儀礼が挙行された。伊福部(1969)によると、チセ(住居)には南側に二つ、東側には一つ、計三つの窓があった。東側は常に神聖な方角として扱われ、左側は右側よりも上位であると信じられてい

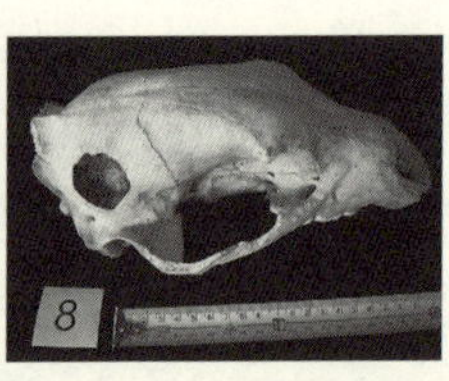

メス

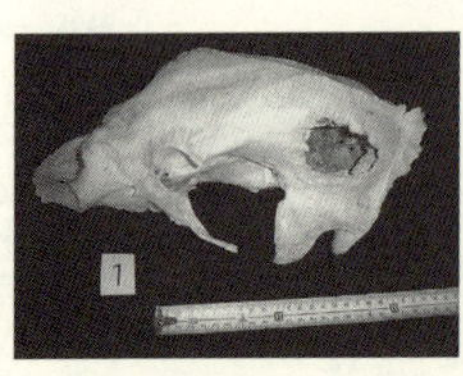

オス

図 4-7　クマ送り儀礼に使われた美笛岩陰のヒグマ頭骨．オスでは左側，メスでは右側に穿孔されている．メスの脳室内にはイナウ（木幣）が見られる．千歳市教育委員会所蔵．Masuda et al.(2006) より．

たという。

クマ送り儀礼の際に、クマの頭部に供物を捧げる際やその他の行為において、ヒトの男女も区別されており、男性は左側、女性は右側を利用していたとのことである（佐藤 2005）。しかし、その性別を認識することが何を意味するのか、については今のところ明確な情報はないが、第5章3節において再びこの話題に触れる。

アイヌ語におけるクマの性別と年齢

一方、第3章で紹介した言語地理学の分野では、アイヌ語には、ヒグマの雌雄を区別した呼び名があること、さらに、年齢に基づいた仔グマの呼び名もあることが報告されている。

北海道とサハリンでは、地域によって方言があるが、オスグマには「シユㇰ、ピーネイソ、ピンネカムイ、ピーネへ」、メスグマには「クチャン、クチャンユㇰ、マッネカムイ」などの呼称がある。

また、仔グマは、一歳をヘペレ、二歳をリヤプ、三歳をシスラプと呼んで区別されている。クマの性別と年齢を区分した呼称が発達したことは、クマ送り儀礼の挙行に関連して詳細な区別が必要になったのではないかとも考えられる(Fukazawa 2022a, b; 知里 1976[1962])。

このように、呼び名に性別による違いがあること、クマ送り儀礼に際して行う頭頂部の穿孔の場所が性別で異なることは、やはり性別の認識が儀礼に関係しているものと思われる。さらに、仔グマ飼育型クマ送り儀礼の挙行やそのためのクマ飼育が行われたために、仔グマを成獣とは異なる特別な呼び名で呼んだものと推察される。

以上のように、クマ送り儀礼の発展過程において、クマの性別や成長の度合いにも配慮されながら、まずは狩猟型が成立し、その後、飼育型へ移行していったのではないだろうか。同じ地域において、春から秋にかけてその両方の儀礼が行われてきたのであり、両儀礼の挙行方式や考え方には連続性と多様性があったものと考えられる。

クマ送り儀礼の時間と解放性・拘束性

青木保著『儀礼の象徴性』では、この著者自身のタイでの仏教の修行僧の経験に基づき、儀礼を挙行する前後の時間も含めた「儀礼の時間」というものがあると述べられている。

ヒグマの儀礼について時間の流れを考えた場合、集落においてクマを使った行事を挙行したりその準備をしたりする時間だけではなく、狩猟からクマ送り儀礼への変遷の時間、さらには、有史前にホモ・サピエンスとヒグマが出会った約四万年前以降(第3章参照)から、すでにクマ送り儀礼の成立につながる時間が始まっていた、といってもよいのではないか。クマ送り儀礼が成立するまでには、過去の歴史の時間のなかで儀礼が熟成されていく。これは、時計によっては計測できない時の流れであり、青木のいう「儀礼の時間」がそれにあたるであろう。

さらに、青木はこの著書のなかで、儀礼は「解放性」と「拘束性」をもつと述べている。これをアイヌ文化のクマ送り儀礼にあてはめて考えると、儀礼の解放性とは、ヒグマを狩猟し食すことに対するキムンカムイへのお詫びであり、心の平安を求めることであるといえよう。また、儀礼の拘束性とは、集団間の絆(きずな)や結束のことをいうのであり、特に、イオマンテが大きな効果をもたらしたと考えられるのではないだろうか。

5 狩猟型クマ送り儀礼の範囲と文化圏

北海道美笛岩陰のクマ送り場

ここで、狩猟型クマ送り儀礼であるオプニレで送られたヒグマの出自をＤＮＡレベルから調査した研究成果を紹介する。

調査対象となったのは、北海道の支笏湖東岸近くにある美笛岩陰（びふえいわかげ）と呼ばれる送り場で、千歳市教育委員会によりすでに発掘され保管されていたヒグマ頭骨群である（千歳市教育委員会 1984）（図４-８）。

支笏湖周辺には、火山の噴出物でできた凝灰岩が分布し、その岩壁の下のテラスのような場所が岩陰と呼ばれる地形で、オプニレの送り場として使用されてきた。そのような送り場はしばしば岩屋、アイヌ語では「シラッチセ」と呼ばれる（佐藤孝雄 2006）。現在でも山中に、クマザサに囲まれた急斜面の上に現存しているシラッチセがある。美笛の送り場はその一つで、美笛岩陰と呼ばれている。

図 4-8　美笛岩陰の全景（上）と近景（下）．千歳市教育委員会（1984）より．

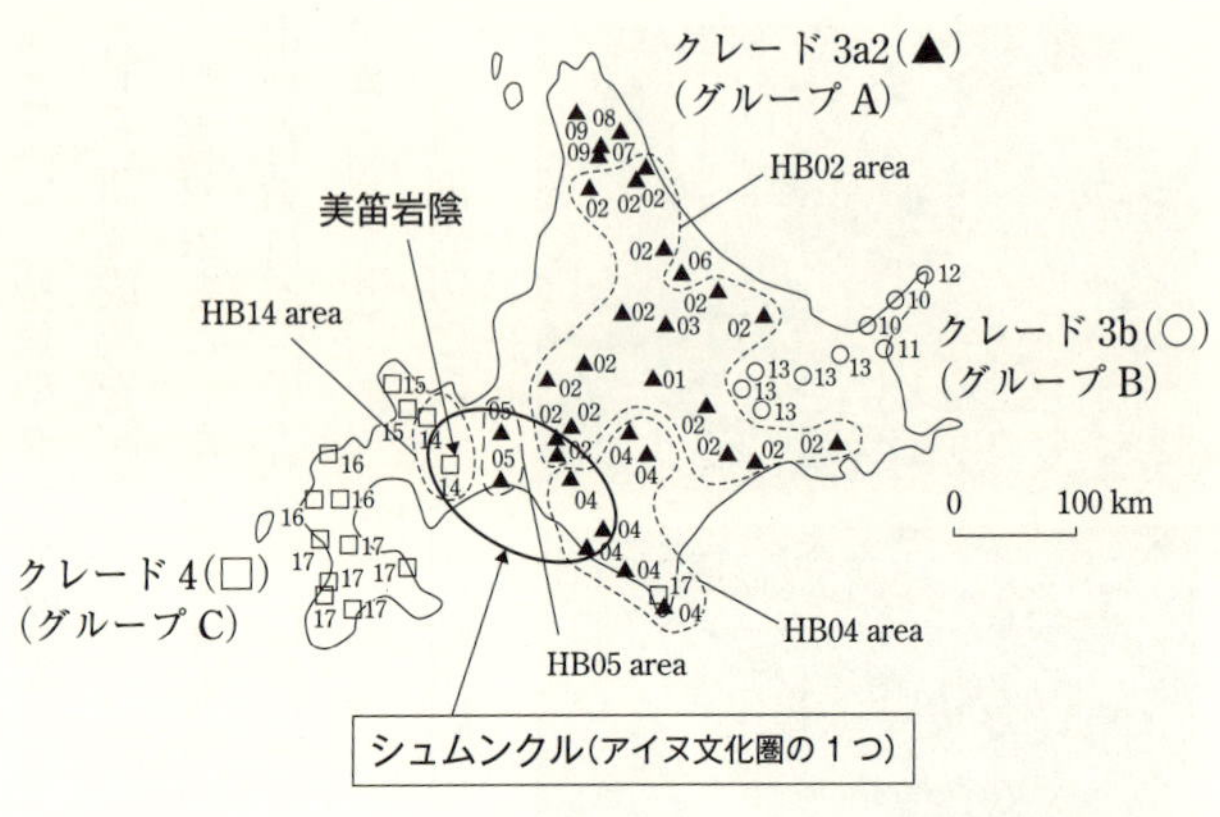

図4-9　ミトコンドリアDNA分析によるヒグマの遺伝子分布地図．美笛岩陰のヒグマ頭骨の由来がわかる．Masuda et al. (2006)より．

ヒグマ頭骨の形態と穿孔による性別（オス四頭、メス六頭）、犬歯セメント質の年輪による推定年齢（二歳以上二十四歳まで）がすでに報告されていた計十頭についてミトコンドリアＤＮＡ分析を行い、得られたＤＮＡタイプが北海道ヒグマの遺伝子分布地図と比較検討された（Masuda et al. 2006）。

その結果、ミトコンドリアＤＮＡの道南系統（クレード４）に属するタイプＨＢ14（オス二頭、メス二頭）、道北－道央系統（クレード3a2）に属するタイプＨＢ02（メス一頭）、ＨＢ04（オス一頭）、ＨＢ05（オス一頭、メス三頭）の計四つのタイプが検出された。

美笛岩陰はクレード４の分布域の東端に位置し、遺伝子分布地図ではＨＢ14の分布域に入る。また、

ＨＢ02、ＨＢ04、ＨＢ05の地理的分布を考慮すると、ちょうどアイヌ文化圏の一つである「シュムンクル（スムンクル、シュムクルともいわれる）」の地域と一致した。これは、美笛岩陰で行われたオプニレは、やはり、その周辺域で捕獲された成獣のクマを対象になされたことを示している（図４-９）（Masuda et al. 2006）。

なお、近世の十九世紀前半には、北海道の太平洋岸に七つほどのアイヌ文化の地域グループが形成され、日高の新冠（にいかっぷ）から白老（しらおい）にかけての地域グループはシュムンクル（またはシュムクル）と呼ばれていた（瀬川 2007）。美笛岩陰では、シュムンクルの絆や団結を強めるためにオプニレが行われたものと思われる。

６　飼育型クマ送り儀礼はなぜ極東で発達したのか

飼育型クマ送り儀礼は主に極東で発達した

次に、飼育型クマ送り儀礼が、極東域の先住民に限られて行われてきた理由を考えたい。

図４-６に示されるように、北海道の他に、大陸アムール河沿い、そしてサハリンに生活する先住民によって飼育型クマ送り儀礼が行われてきた。前述したハロウェルも、その古典的論

文のなかで、飼育型クマ送り儀礼が極東の民族で行われていることを指摘している。

このように極東に限られていることから考えると、最初、その地域のどこかで発達した仔グマの飼育型クマ送り儀礼が、近隣の民族の文化圏に取り入れられて広がっていったものと推察される。

一方、ユーラシアの中央部のシベリアから西部のヨーロッパならびに北米では、飼育型クマ送り儀礼の報告はほとんどないか、極めて少ない。

極東に仔グマの飼育型クマ送り儀礼が特異的に発達した理由については、まだ明確な結論が得られていない。

極東において、飼育型クマ送り儀礼が行われている地域と狩猟型クマ送り儀礼地帯の間に見られる自然環境の相違が関係しているのではないかという意見もある。狩猟型クマ送り儀礼地帯は、極東ロシア型の動植物資源(アカシカ、イノシシ、ナラ、クルミなど)に富んでいるが、飼育型クマ送り儀礼地帯であるアムール河河口周辺やサハリンは、陸上の生物資源に乏しいシベリア型に属しているという(大貫・佐藤 2005)。つまり、飼育型クマ送り儀礼地帯はヒグマの個体数が少ない環境にあるため、クマ資源を得るために飼育を行い、周囲の人々を集めて儀礼を挙行するようになったという考え方である(佐藤 2024)。もしこのような背景があったならば、飼育型クマ送り儀礼が発展した北海道においては、ヒグマの生息数は少ないということになる。しかし、実際には、北海道におけるヒグマ個体数や個体群密度は他地域よりも比較的多いのである。

そこで、私は、現在の生息数の情報ではあるが、ヒグマの生態調査から報告されている各地域のヒグマの分布状況を調べることにした（増田 2022）。

ヒグマの個体群密度が高い極東、特に北海道

以前、ノルウェーのヒグマ生態学研究者が札幌で講演を行った際、「現在のスカンジナビア半島に生息するオスヒグマ一頭の行動圏は、北海道全域をカバーするほど広い範囲に及ぶ」と話していたことを印象深く拝聴した。世界的に見ると、地域によってヒグマの行動圏やそのパターンには多様性があるのだ。

ヨーロッパでは、ヒグマの個体数が減少し、その保全対策が進められている。そのため、IUCN（国際自然保護連合）は、レッドリストの一部として、ヒグマの分布面積と推定個体数の詳細な状況を報告している（Kaczensky 2018）。ヨーロッパにおける各集団の推定個体数、分布面積、個体群密度（単純に前者を後者で割った値）は表4-1の通りである。

表4-1　ヨーロッパヒグマの各地域集団における推定個体数，分布面積，および個体群密度．推定個体数と分布面積は，Kaczensky(2018)に基づく．増田(2022)より．

集団名	推定個体数(頭)	分布面積(km^2)	個体群密度(頭/km^2)
スカンジナビア集団	2,825	466,700	0.006
フィンランド-カレリア集団	1,660	381,500	0.004
バルチック集団	700	50,400	0.014
カンタブリア集団	321-335	7,700	0.042-0.044
ピレネー集団	30	17,200	0.002
アルプス集団	49-69	12,200	0.004-0.006
アペニン集団	45-69	6,400	0.007-0.011
ディナル-ピンドス集団	3,940	115,300	0.034
カルパチア集団	7,630	122,600	0.062
東バルカン集団	468-665	39,000	0.012-0.017

一方、北海道のヒグマの生息状況ではどうであろうか。

北海道環境生活部自然環境局(2022)が報告しているヒグマの推定全個体数の中央値一万一七〇〇頭を、北海道の面積8万3450㎢で単純に割ると、その個体群密度は0.140頭/㎢と算出される。

これは、表4-1に示される現代のヨーロッパの地域集団のどこよりも高い値である。たとえば、東バルカン集団(0.012〜0.017頭/㎢)と比べると、北海道集団の個体群密度はほぼ十倍である。

また、北海道の面積は、ヨーロッパのアイルランド島の面積(8万4420㎢)にかなり近い(アイルランド島ではヒグマはすでに絶滅している)。このような狭い島である北海道に一万頭以上のヒグマが生息できることは、豊富な餌資源と低い狩猟圧に起因するのであろう（増田2022）。北海道を訪れる海外のヒグマ研究者は、北海道におけるヒグマの高い個体群密度に驚くのである。

また、極東では、サハリンや沿海地方（プリモルスキー地方）にもヒグマが分布する。そこで、ロシアの哺乳類について詳しいロシア科学アカデミー動物学研究所アレクセイ・アブラモフ博士にサハリンと沿海地方におけるヒグマ推定個体数と生息地の面積を尋ねてみた。すると、大まかなデータであるが、サハリン本島（72492㎢）には、ヒグマが約二千頭生息しているとのことで、その個体群密度は0・028頭／㎢となった。これは、北海道の半分以下の値であるが、ヨーロッパと比べると比較的高い値となった。また、沿海地方の広い森林地帯（約127070㎢）での推定個体数は二千三百頭とのことなので、個体群密度は0・018頭／㎢と算出され、北海道やサハリン本島と比べると低いが、ヨーロッパに比べると高い方である。

飼育型クマ送り儀礼と個体群密度の関係は複雑である

もちろん、以上は現在のヒグマ集団の状態であり、過去のヒグマの生息環境が現状よりも良好であったと考えるならば、当時の個体群密度は現状よりもさらに高かったことが推測される。

個体数に基づく限り、ヒグマが高密度で分布する北海道やサハリンを含む極東では、春グマ猟が比較的高頻度で行われ、仔グマを得る機会が多かったため、飼育型クマ送り儀礼が発展したと考えることもできるのではないだろうか？　これは、「極東のヒグマの個体数が少ない地域でこそ飼育型クマ送り儀礼が発展してきた」という先に紹介した仮説とは異なるものである。当時の民族間の交易状況がクマ送り儀礼に与えた影響も考えながら、飼育型クマ送り儀礼の起源に関する議論を継続していく必要があるだろう。

7　仔グマに対する価値観の共有が人々の絆を強める

オホーツク文化とヒグマ

前節6では、ヒグマの個体群密度の高い地域が、飼育型クマ送り儀礼の発展した地域に相当している可能性を指摘した。次に、異なる民族(文化)間で仔グマに対する価値観が共有され、仔グマを使って文化交流がなされた可能性があることを紹介したい。

第3章で述べたように、私はヒグマの動物地理学的な移動の歴史を調べるため、DNA情報に基づき検討してきた。その過程で、ヒグマは北海道にいつ渡ってきたかを調べたいと考えた。それを直接的に追求するには、北海道の地層から発掘されたヒグマ化石のデータと現生のヒグ

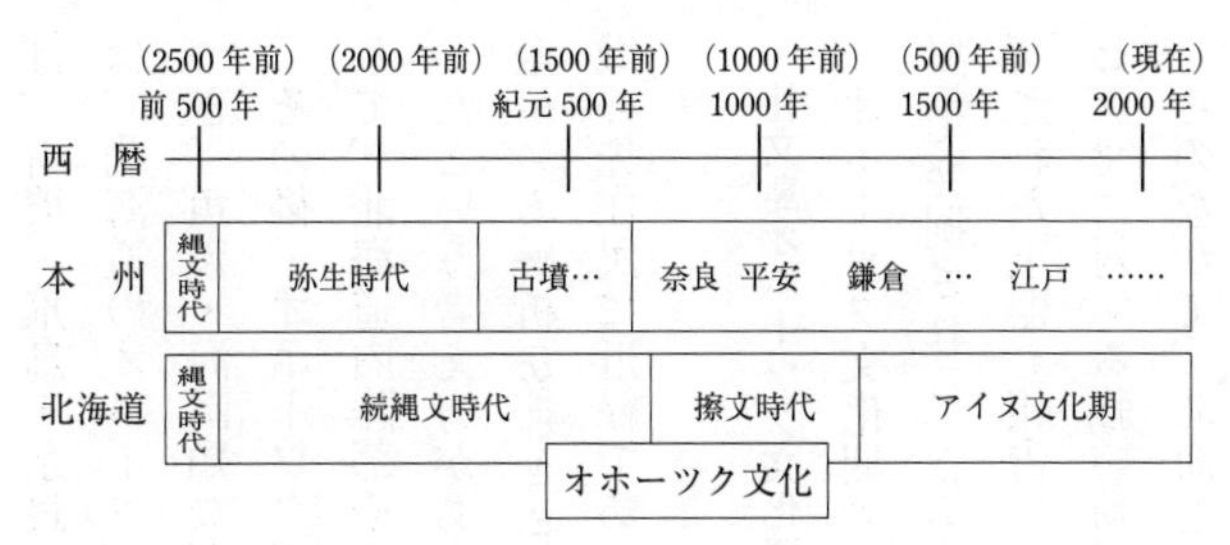

図4-10 北海道と本州の時代区分．オホーツク文化は，約5世紀から12世紀にかけて，オホーツク海南岸域にて，漁業や海獣狩猟によって繁栄した文化．

マを比較することが理想的である。しかしながら、北海道から発掘される縄文期以前の更新世のヒグマ化石は報告されていない。

様々な文献を調べているうちに、北海道大学文学部（その後、総合博物館教授）の考古学者・天野哲也博士のグループが、礼文島のオホーツク文化の遺跡を発掘し、縦穴式住居跡から多くのヒグマ骨が発見されていることを知った。そこで、天野先生にコンタクトしたところ、そのヒグマ出土骨のDNA分析を共同研究として進めることとなった。

オホーツク文化については、天野先生や多くの考古学者による研究報告が出されているので（参照 天野2003；東京大学文学部常呂実習施設／考古学研究室2024）、ここでは簡単に紹介するにとどめる。

オホーツク文化の時期は、およそ紀元五世紀から十二世紀頃である。研究者によって多少のずれはあるが、本州でいえば、古墳・飛鳥・奈良・平安・鎌倉時代にかけての時期に相当する(図4-10)。オホーツク文化は、北海道のオホーツク海南岸、サハリン南部、南千島で展開し、その貝塚からの出土例に基づき、魚類・海獣類などの漁労を生業として発達したと考えられている。

その後、オホーツク文化がたどった経緯については考古学的に検討されている。その一つとして、北海道内陸部や南部で展開していた続縄文・擦文文化の流れと合流してアイヌ文化に至ったという考え方がある。ミトコンドリアDNA分析による集団遺伝学(Sato et al. 2009)および全ゲノム解析(Sato et al. 2021)はともに、オホーツク文化を担った人々は現代のアムール河河口域の先住民に近縁であったことを示している。

礼文島オホーツク文化遺跡のヒグマDNA

オホーツク文化期の竪穴式住居跡からは、しばしば、ヒグマ頭骨が集積されている状態(骨塚)で発掘される。ヒグマをかたどった骨の彫刻や土器、さらに、表面にクマの足跡がスタンプされた土器も報告されている(北海道大学総合博物館 2024)。オホーツク文化を担った人々には、ヒグマに対する強い執着があったようである。

そのなかで、北海道の北端に浮かぶ礼文島の香深井(かふかい)A遺跡は、天野らによって発掘され、やはり竪穴式住居跡からヒグマなどの頭骨で構成された骨塚が出土している。住居内に骨塚が形成されていること、ヒグマ頭骨には穿孔が見られるため何らかの儀礼が行われたこと（アイヌ文化での儀礼のように雌雄を区別する穿孔ではないが）、礼文島にはヒグマの自然分布はないので島外からヒグマ頭骨（または生きた個体）がもち込まれたこと、が考えられた。そのヒグマ頭骨のミトコンドリアDNA分析を行い、第3章で紹介した北海道ヒグマの三重構造の遺伝子分布地図と比較検討された（Masuda et al. 2001）。

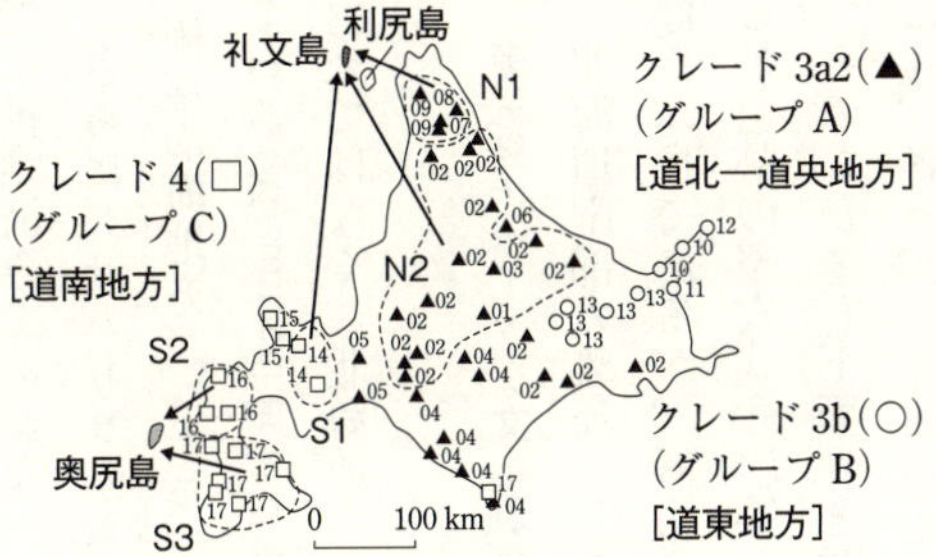

図4-11　礼文島と奥尻島のオホーツク文化期遺跡出土ヒグマ頭骨の由来．礼文島についてはMasuda et al.(2001)，奥尻島については北海道立埋蔵文化財センター(2003)より．

その結果、分析できた礼文島ヒグマ十二頭のうち、二歳以上の八頭と一歳未満の仔グマ一頭は、現在の北海道北部（道北）に分布する「道北―道央型系統（世界的にはクレード3a2）」をもっていることが明らかとなった。一方、一歳未満の仔グマ三頭は、道南型系統（クレード4）を有していた（図4-11）。なお、ヒグマの年齢は、本章5節と同様に、犬歯の歯根部セメント質の年輪分析により、すでに推定済みであった。

さらに、サハリンから発掘されたヒグマ頭骨のミトコンドリアDNA分析により、すべて「極東沿海地方／ユーラシア大陸北東部／西アラスカ系統(クレード3a1)」であることが報告されている(Mizumachi et al. 2021)。よって、分析できた礼文島香深井A遺跡のヒグマは、サハリン由来ではなく、北海道本島からもち込まれたことが明らかとなった。

奥尻島オホーツク文化遺跡のヒグマＤＮＡ

北海道南部の離島として奥尻島がある(図4-11)。奥尻島はオホーツク海から離れた日本海に浮かぶ島であるが、考古学的にオホーツク文化の特徴をもつ青苗砂丘遺跡が発掘されている。この遺跡の竪穴式住居跡とみられる区画からヒグマの骨がいくつか出土している。

そのなかで右下顎骨と踵骨について行われたDNA分析結果を遺伝子分布地図と比較したところ、各々が、北海道本島対岸に分布する道南型(クレード4)におけるタイプHB17とHB16と一致した。つまり、この奥尻島の遺跡から出土したヒグマは、北海道本島の近くから持ち込まれた別個体に由来し、分析がうまくいかなかった骨片も含めると、少なくとも二個体がこの住居跡に残されていたことになる。

前述の礼文島の香深井A遺跡で発見されたような骨塚は見つかっていない。さらに、同じヒグマ下顎骨に残っていた後臼歯の年輪分析から、三歳で春に死亡した個体であることも明らかになった。

これらの情報だけでは、奥尻島においてクマ送り儀礼が行われたかどうかは不明であるが、オホーツク文化が奥尻島まで南下し、さらに、島の人々と北海道本島のヒグマとの間で何らかの関係があったことが示唆された(北海道立埋蔵文化財センター 2003)。

異文化圏を移動させられた仔グマ

さて、以上の結果は、何を意味するであろうか。

まず、礼文島ヒグマから道北−道央型が見出されたことについて。これは、当時、礼文島も道北地方もオホーツク文化圏であったので、北海道本島で捕獲されたヒグマの頭骨をオホーツク人が礼文島へもち込んだのであろう。二歳以上の成獣はすでに体長一メートル以上の大型であるため、生きた状態で運搬することはしなかったであろうと推察される。一方、一歳未満の仔グマは生きたまま運ばれた可能性がある。礼文島と北海道本島の間で、地域は異なるが、オホーツク文化の人々が、クマ送り儀礼を行い、互いの絆を強めたものと思われる。

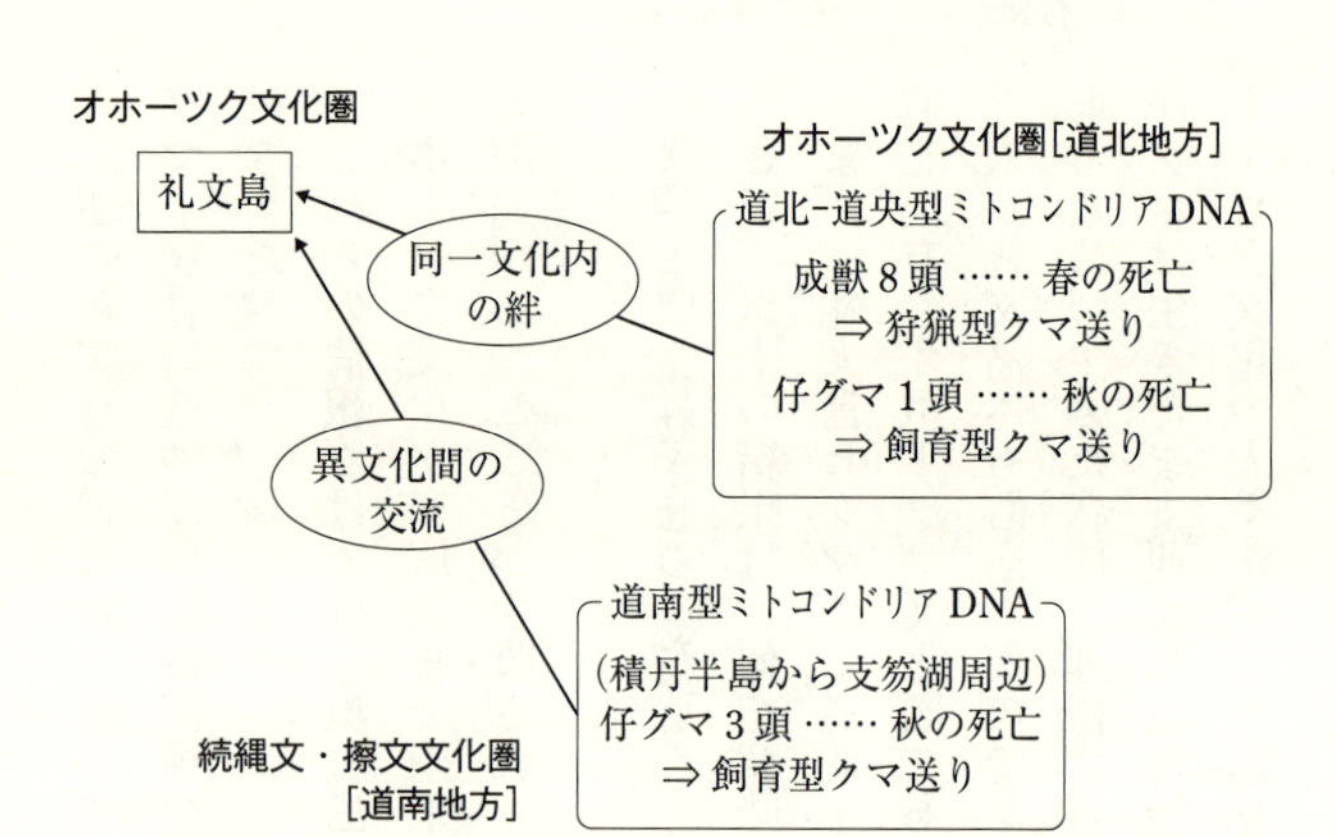

図4-12　礼文島オホーツク文化期のヒグマ頭骨の分析から考えるオホーツク文化と道南の続縄文・擦文文化の交流.

さらに興味深いことは、三頭の一歳未満の仔グマが道南型の遺伝子型をもっていたことである。道南型は、北海道の渡島半島を中心に分布しており、当時、この地域は本州の影響を受けた続縄文・擦文文化圏に入っており、オホーツク文化とは異なる文化圏が形成されていた。よって、道南型の遺伝子をもつ仔グマは、オホーツク文化とは異なる道南の文化圏からもち込まれたと推察される。いつの季節において、道南の続縄文人または擦文人が礼文島まで運んだのか、または、礼文島からオホーツク人が道南まで仔グマを受け取りに訪れたのか、についての解明は今後の課題である（図4-12）。

異文化間の絆を強める仔グマへの共通価値観

ここに述べてきた遺伝学と考古学の学際研究によ

り、当初、予想しなかった成果が得られ、以下のことが考察された。

まず一つめは、オホーツク文化期からすでにクマを使った儀礼が行われ、人々の絆を強める機能を果たした可能性があることである。

二つめは、オホーツク文化圏内だけにとどまらず、北のオホーツク文化と南の続縄文・擦文文化という異文化間に仔グマに関する共通の価値観が見出され、異文化間の絆を強めるという交流が行われたことである。

三つめは、本章の図4-6に示した現代の先住民による飼育型クマ送り儀礼においても、民族間で仔グマの授受が行われ、その絆を強める役割を果たしてきたのではないかというものである。仔グマに関する共通の価値観は、古代のオホーツク文化と続縄文文化の間だけではなく、極東の現代の諸民族の間に広く普及していた可能性がある。

日本書紀にそれに関連すると思われる記載が残されている。六五八(斉明四)年に、阿部比羅夫が「粛慎(みしはせ)」(オホーツク人のことを示すと考えられている)から獲得した「生きたヒグマ二頭」が飼育中の仔グマであったと述べられている(天野 2003)。オホーツク人は、すでに、送り儀礼のために仔グマの飼育を盛んに行っていたのではないか、と考えられるのである。

ソフトパワーとしての仔グマへの価値観

異文化間の交流に関連して、青木保著『多文化世界』で紹介されているように、国際政治学分野の用語として、ハードパワーならびにソフトパワーというものがある。

ハードパワーとは、たとえば、ある国が大量の武器を保有することにより、相手に武力での脅威を与え、国家間の外交を保とうとするものである。経済力も含まれる。

それに対し、ソフトパワーとは、武力ではなく、文化的交流を積極的に行い、互いを理解することにより、国家間や民族間の紛争や分断化を防ぐことができるようにするというものである。

武力によるハードパワーは表面上、大きな力があるように見えるが、常に暴力や破壊と隣り合わせであり、人々に安心感を与えず、結局のところもろいものである。

一方、ソフトパワーには、心の根底に確固とした絆や団結の持続性を生み出す強い力がある。

このパワーという言葉を借りるならば、まさに、共通の価値観をもって仔グマの授受を行い、異文化を理解しながら異文化間で交流が行われたことは、ソフトパワーの実践と考えてもよいのではないか。かわいらしい仔グマが、すでにオホーツク文化期において精神文化的な力と魅力をもっていたことは注目に値する。

第5章　ヒグマの夢は何を意味するのか

1　口承文芸のなかのヒグマ

口承文芸で伝えられるヒグマの世界

第4章で述べたように、クマに対する儀礼は、北半球の先住民社会において広く行われてきた。クマへの信仰や精神的な思いは、儀礼にとどまらず、文字によらないで語りつがれてきた民話・昔話・神謡・伝説などの口承文芸、そして古代人によって洞窟に描かれた壁画などにクマが登場することによってもうかがい知ることができる。

興味深いことに、口承文芸においても、ユーラシアと北米との間で共通するパターンが存在する。いくつかの例を次に紹介する。

なお、宗教学者の中沢新一は著書『熊から王へ』において、極東と北米・南米の神話を分析し、各地で発展した文化のなかで、人間は自然を尊重し、人間社会と自然との間を往来する対称性の社会を形成していたことを指摘している。

北米先住民での伝承

前述したロックウェル著『クマとアメリカ・インディアンの暮らし』によると、約百年前までは、北米先住民の間では、冬の間、円錐形のテントや支柱の上に樹皮や動物皮を張った小屋の中で、老人たちが優れた語り手として、赤ん坊を含む子どもや大人たちに様々な物語を語って聞かせていた。語りの内容は、日常の出来事、遠方に住む者や近縁者の近況、珍しい動植物のことなどのほか、生きていくための知識や助言が物語として伝えられたという。

冬の長い夜とテントのなかの生活の匂いのする暖かい空間は、民話や昔話などの物語を聴き入るのにふさわしい環境を醸し出す。そんななかで聴く物語は、内容の豊かさや深さに加えて、神話のような流れや響きを備えていたことだろう。

このような物語を通して、先住民がクマをどのようにとらえてきたかを知ることができるのである。北米にはヒグマ(グリズリーベアともいう)とアメリカクロクマが生息するが、ヒグマに関する物語が多いようだ。

北米先住民の間には、数多くのクマに関する物語があるが、共通した筋書きのものが多いという。例えば、若い女性が森のなかで出会ったクマと結婚する話、怪物のメスグマに襲われる話、ヒトを助けてくれる慈しみ深いクマの話、クマがトリックスター(いたずら者。例えばイヌ科のコヨーテ）と出会い騙される話などである。

また、ロックウェルによると、北米先住民は物語や夢に出てくるクマやその周囲の様子を、テントに描いたりすることもあったという。なお、クマの夢については次節2で詳述する。

アイヌ文化ウエペケレのなかのヒグマ

アイヌ文化の社会で語られてきた昔話は「ウエペケレ」と呼ばれる。多くの伝承の物語について、古老からの聞き取りとアイヌ語から日本語への訳が行われている。その一つに、萱野茂著『アイヌと神々の物語——炉端で聞いたウウェペケレ』がある。

そのなかには、聞き手の子どもたちに向けられた、「このようなことをしてはいけない」という道徳観念も含まれている。「ウエペケレ」では、クマは頻繁に登場する。ある話では、山で出会ったクマを狩猟した後、狩猟型クマ送り儀礼のオプニレを行った時のエピソード。また、別の話では、飼育型クマ送り儀礼のイオマンテのためにコタン（集落）で飼育されているクマ（クマ神）と主人公との会話などが語られている。クマ送り儀礼の様子に加え、山野での狩猟やコタンでの普段の生活の様子もここから垣間見ることができる。

「ウエペケレ」の聞き手は同じような話を何度も聴くことにより、その物語を知らない間に覚えてしまったことだろう。また、口承なので、毎回まったく同じ内容の語りというわけではなく、少しずつアレンジも加わり、世代を経て伝承されていく。話によってはストーリーが似ているものもあり、伝承されながら派生していったのであろう。多くの物語の最後は、「……と一人の老人が語りながら世を去りました」というように締めくくられている。

私自身、『アイヌと神々の物語』を読んでいると、知らぬ間に「ウエペケㇾ」の世界にひき込まれ、北海道の山野の様子や、コタンでの生活を見ているような錯覚を起こすことがある。これらの昔話は、夜寝る前に囲炉裏を囲んでいる子どもだけではなく大人も聴き入ったことだろう。これは、前述した北米先住民のテントのなかで語られた状況とよく似ている。ここにも、遠く離れたユーラシアと北米との間で口承文化の共通性が見られるのである。

フィンランド叙事詩カレワラのなかのヒグマ

カレワラとは、北欧のフィンランド民族の間で語られてきた壮大な叙事詩である。エイリアス・リョンロットが書き留めて編集し、一八四九年に刊行された。全五十章の詩篇で構成されている。小泉保氏による訳書『フィンランド叙事詩　カレワラ』が出版されている。

その第四十六章「熊祭」では、主人公ワイナミョイネンが、森の主であるタピオの助けを借りてクマを倒し、熊祭(クマ送り儀礼)を行う様子が描かれている。そこには、フィンランドの伝統的な狩猟型クマ送り儀礼を垣間見ることができる。クマは「森のリンゴ」、「ずんぐりした蜜の足」と呼ばれている。熊祭の最後には、クマの死骸を木に吊るしておくという様子も描かれている。舞台はフィンランドなので、登場するクマはもちろんヒグマである。

また、ワイナミョイネンにヒグマの居場所を教えてくれるタピオが森の主(森そのものを指すこともあるという)であるという点は、アイヌ文化や北米先住民文化における「森の精霊が動物の所有者である」という概念と共通しており、やはり大変興味深い。

古代の洞窟壁画のなかのヒグマ

さて、口承文芸ではないが、第3章で紹介したように、ヨーロッパの旧石器時代の洞窟壁画にクマが描かれたことからも、古代人のクマへの深い思いがうかがい知れる。

壁画に描かれた動物群のなかでクマは、自然環境に深く影響を受けながら生活する古代人の精神的象徴となり、第4章で詳述したクマ送り儀礼につながったものと考えてもよいのではないだろうか。一方、次節2で述べるように、夢のなかに出てくるヒグマは、心の奥底の無意識が投影されたイメージととらえることができる。洞窟壁画のクマも、古代人の無意識が反映されて描かれたものかもしれない。

2　夢のなかのヒグマは何を意味するのか

夢のなかのヒグマ

ロックウェル著『クマとアメリカ・インディアンの暮らし』のなかで、スイスの分析心理学者カール・ユング(一八七五〜一九六一年)は、夢に出てくるクマはヒトの無意識の「元型」と深く関係していることを指摘している、と紹介されている。

「元型」とは何か?

そこで、私は、クマと夢の関係をさらに知りたいと考え、ユング心理学について学ぶこととした。

ユングは多くの著書を出版しており、『自我と無意識』は著名なものの一つである。さらに、私は、ユング心理学を日本に紹介した臨床心理学者・河合隼雄の多数の著書にも出会った。本節では、河合とユングの心理学に基づいて、クマと夢の関係を考えていきたい。

河合は著書『無意識の構造』において、古代人にとって夢は神の声に等しいものであった、と述べている。つまり、前節1で紹介した神話や民話は、最初は人々の夢で感覚されたものだったということになる。

個人的に見たクマの夢の記憶は、まずは近いところにいる家族や親族の間に伝えられる。その話が口承により集落周辺の人々に広まり、さらには、民族の口承伝承となり、人々の文化的記憶となったと考えられる。このように、夢は単に個人のものではなく、人々と世代をまたぐ文化として発展することもあるのだ。

では、ヒトはなぜ、クマの夢を見るのだろうか?

ヒグマの夢から力を授かる

北米先住民の間では、ヒトは精神的には動物より弱い存在であると考えられていた。ヒトは生まれた時には特別な力をもたない。

生きていくための生活に必要な力は、成長の段階で、夢に出てくるヒグマの精神から徐々に力を授かるというものである。それは、やはり、ヒグマの力強さとその神秘性にあやかりたいという願いに由来するものであろう。

その願いがどのようにして夢と結びつくのか?

ここで、心理学的な側面から、ヒトとヒグマの精神的関係を見ていく。

3　意識と無意識を結ぶヒグマ

ヒトの心には意識と無意識がある

ヒトの心のとらえ方として、ユングの深層心理学には大変興味深いものがある。河合隼雄の著書『ユング心理学入門』および『無意識の構造』では、ユング心理学が紹介されるとともに、河合独自の論考が展開されている。

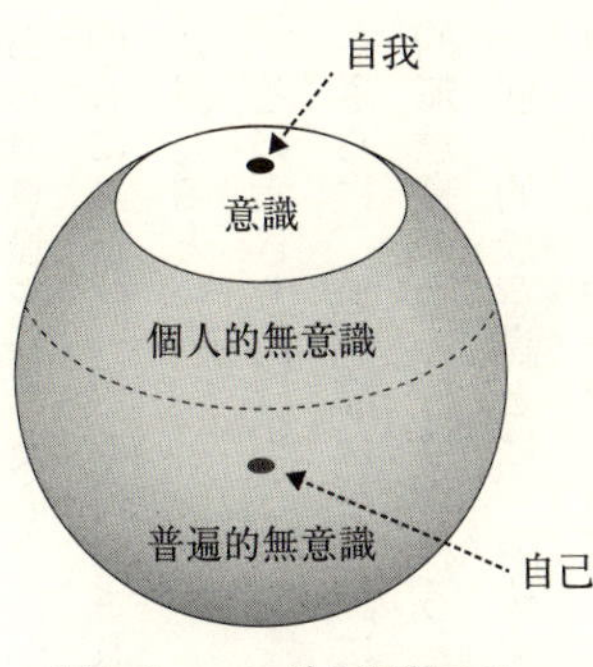

図5-1　ユング心理学では，ヒトの心（球体）が意識と無意識の層で構成され，意識の中心に自我，無意識の奥に自己があると考える．河合（2009）より．

そこでは、ヒトの心には意識と無意識の階層構造があり、互いが補償的に作用すると述べられている（図5-1）。

意識の中心にある「自我」は、西洋の社会においては重視され、小さな円のような球体表面の中央部にある。

それに対し、東洋の社会では、意識の水面下にある無意識を含めた心全体がとらえられる傾向があり、心全体が大きな円(球体)となり、その中心に「自己」があるとされる。西洋の人々からすると、東洋の人々の物事のとらえ方は曖昧に見えるという。

その大きな円は小さな円を包み込んでおり、それがヒトの心であると理解される。

さらに、無意識は、意識に近いところにある個人的無意識の層、さらにその奥底にある普遍的無意識の層に分けられるという。

個人的無意識とは、隣接する意識との間で厳密な境界線を引くのは難しいが、意識が抑圧された状態、または、意識には達しないが意識の痕跡が残された状態とされる。

一方、普遍的無意識とは、個人ではなく、人類だけでもなく、動物全体に普遍的なもので、心の基礎となるものであると考えられている。普遍的無意識には、ある家族に特徴的な家族的無意識、あるいは、ある文化圏に共通する文化的無意識も含まれることがある。

ユング心理学では、夢は、睡眠中に意識と無意識の間で起きた相互作用の状況を、自我がイメージとして記憶したものととらえられる。目覚めた時に記憶しているものだけが夢として残り、記憶できなかったものは夢として認識されない。

このように、心のとらえ方の学問である心理学は、概念的・哲学的な考え方が多くを占めているため、実証主義の生物学を専攻してきた私にとって、当初、ユング心理学とは接点がなく、理解するのが困難であるように思われた。

しかし、ヒトとヒグマの夢の関係を考えていくうちに、ヒグマの存在の精神性を理解しようとするうえで、ユング心理学が私に新しい見方を示してくれることとなった。

心的象徴としてのヒグマ

ユングは、普遍的無意識のなかに、万人に共通した「元型」というものがあるという。元型そのものはイメージや心像として意識されることなく、可視できるものでもない。しかし、心の奥底にある仮想的な概念である元型は、意識のなかに何かを投影させる。この考え方は、ユング心理学の核心でもある。

元型から意識のなかに投影されたものは、「元型的心像」または「原始心像」と呼ばれる(図5-2)。神秘性をもったヒグマは、無意識のなかにある元型から投影される対象としての十分な条件を満たすため、意識の世界に原始心像として照らし出され、夢でも認識されているといえよう。ヒグマは、元型を刺激しやすい存在であるように思われる。

さらに、河合は、ユング心理学における元型の概念は、個人的な母親像を超えて、絶対的な優しさや安心感を与えてくれる「太母」（グレートマザー）ともとらえられるという。

これをヒグマに照らし合わせると、メスグマは、冬眠中に穴のなかで出産し、子どもを育て、春になると冬眠穴から出てくる。これが、母性の象徴を示すにふさわしい姿と思われる。つまり、ヒグマは、これまで述べてきたように神秘性に加え、母性の象徴性を有しているため、元型のグレートマザーから投影されたイメージに重なる原始心像としてとらえることができるだろう。

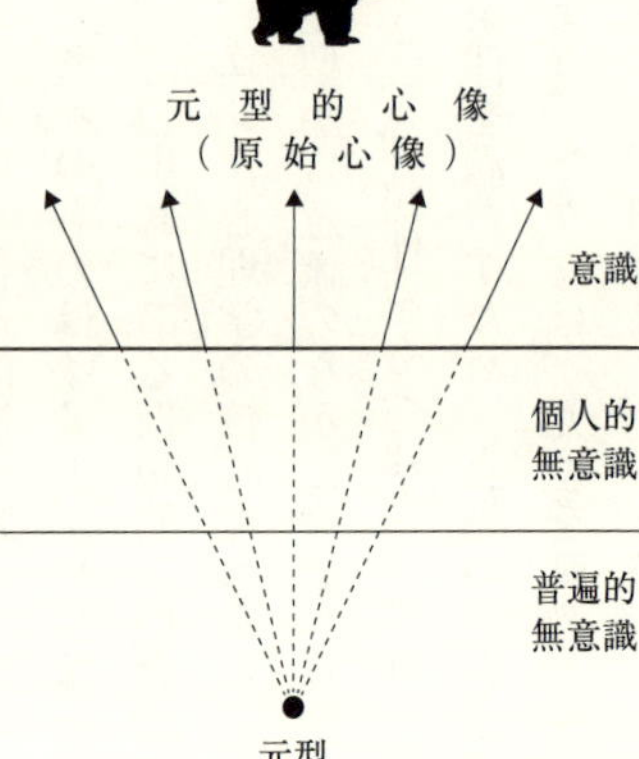

図5-2　ユング心理学では，無意識のなかにある「元型」から，意識内に浮かび上がってきた心像を「元型的心像」または「原始心像」と呼ぶ．河合(2017)をもとに作成．ヒグマの存在を原始心像ととらえることもできよう．

ヒグマは、北半球の人々の精神的象徴となった。そのような心像は、第3章で述べたように、古代人に洞窟の壁画にクマを描かせたことと関連があるのではないかとも思われる。

また、神話や詩、そして、儀礼も、元型を投影した原始心像の延長線上にあるといえるのではないか。特に、クマ送り儀礼という行事は、原始心像の行動版といってよいかもしれない。

死と再生のモチーフとクマ送り儀礼での穿孔

第4章1節と2節では、ヒグマの冬眠と春の目覚めが、亜寒帯の季節的変化と相まって、死と再生をイメージさせることを述べた。

一方、ユング心理学では、死と再生のモチーフの元型が意識に投影されると考える。その例として、太陽神話があげられている(図5-3)。世界の太陽神話では、共通して太陽が一時的に消失して夜となる。つまり、東から朝日が昇り、太陽神が生まれる。その後、太陽は南側の天上を移動した後、西側で偉大な母が太陽神を飲み込み姿を消してしまう。そして、太陽神は怪物と戦いながら暗い海底を航海する。ユングは、この苦しいプロセスを「夜の海の航海」と呼んだ。太陽神は、翌朝、再び、朝日となって神聖な東の空に現れるというのだ。

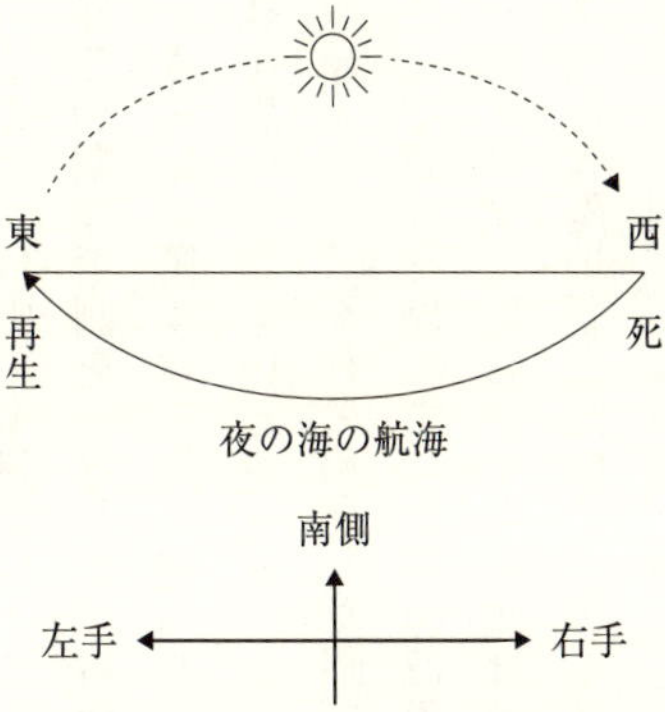

図5-3　死と再生の元型を投影する太陽神話. 河合(2009)より. 下図は, 南に向かって, 左手は神聖な東を, 右手は穏やかな西を指すことを示す.

ここで、日中、太陽が昇っている南の方角にからだを向けてみよう。自ずと、左手が太陽が昇る神聖な東側を、そして、右手は西側を指すことになる。

さらに、第4章4節で述べた、アイヌ文化のクマ送り儀礼において行われたヒグマ頭骨の穿孔を思い出していただきたい。オスでは頭頂部の左側に、メスでは右側に穿孔がなされた(参照図4-7)。それを紹介した際、雌雄の違いが何を意味するかについて情報がないと述べたが、ここで誤りを恐れず、以下の仮説を提案したいと思う。

アイヌ文化においても東側は神聖なものであることはその際に述べたが、ユング心理学で示された太陽神話と同様に、アイヌ文化の世界でも東西の対照性が認識されていたと思われる。神聖な東側、すなわち、南に向かって左側には活力のある再生のイメージが認識され、力強いオスグマ頭骨の左側を穿孔するようになったのではないだろうか。ヒグマの口前方を南側に向ければ、朝日の光は左側に開けられた穿孔を通して脳室に差し込むことになる。

一方、右側が指す西は死のモチーフであるが、単なる死ではなく、再生につながる静的なものとしてとらえることができる。そのため、仔グマを出産し、再生につながるメスに対しては、頭頂部の右側に穿孔するようになったのではないか。メスの口先を南に向ければ、夕日の穏やかな光が穿孔を通して脳室に差し込んでくるではないか。

このように、再生と死、東の朝日と西の夕日、左と右、オスとメス、という対照性が感覚され、ヒグマ頭骨の穿孔が行われたのではないかと推察する。

なお、ユング派の心理分析家ヘンダーソンによる著書『夢と神話の世界』では、「元型的イメージとしての熊」という付録の章を設けて、北米やヨーロッパ社会の夢や神話に登場するヒグマについて、イニシエーションとの関係に着目して心理学的に考察されている。

意識と無意識を往来するヒグマ

ここで、本章の図5-1と第4章の図4-3とを見比べてみよう。

図5-1の「意識」の層は、図4-3における認識できる地上界(人間界)に相当する一方、「無意識」の層は、認識できない天上界(カムイ界)に相当するではないか(ただし、互いに上下が逆になるが)。また、図5-3も同様に、明暗の世界の対照性を示している。

ヒグマが地上界と天上界を往来することは、心の意識と無意識の間を往来することと同義である。つまり、図4-3のクマ送り儀礼から見た二つの世界は、まさにヒトの意識と無意識という心の構造を表しているといってもよいのではないだろうか。

東洋の社会で重視される心の全体性の中心にある「自己」は、対照的なもの、すなわち、意識と無意識、男性的なものと女性的なもの、思考と感情などを統合すると考えられている。意識の世界と無意識の世界を往来することができるヒグマは、まさにヒトの心の自己の役割を果たしているともいえるだろう。

また、第4章で述べたように、ヒトが近づくことができない「自然の精霊の世界」と「人間界」を往来できるのは、やはりヒグマである。つまり、無意識のなかにある「元型」は「自然の精霊」と同義といえよう。

クマ送り儀礼の変遷を考えた場合、スタート時点の自然のなかでの狩猟は単に「信号的」レベルのものであり、精神的な主張はあまり認められない。しかし、それから発展した狩猟型クマ送り儀礼は、社会集団のなかで人々が交流する「記号的」レベルに到達する。さらに、人々の意識と無意識、そして、地上界と天上界を結ぶ儀礼の「象徴的機能」は、集団内・集団間の結束を生み出す仔グマ飼育型クマ送り儀礼へ発展することにつながったのではないかと思われるのである。

つまり、クマ送り儀礼における意識と無意識の相補性によって、個人の安定、集団の安定、そして、集団間の絆と結束というように連続的な心全体の安定性がもたらされる。このように、連続的な心の安定化こそが、クマ送り儀礼の発展の機動力となったものと思われる。

元型から投影された行動であるクマ送り儀礼は、周囲の文化や社会をまとめあげる象徴性をもち、その構成員の力を結束させたのである。これはまさに、ユング心理学がいう「心的エネルギー」にあたるのではないだろうか。

心の構造と脳の進化

ヒグマは、ヒトの進化や歴史のうえで、いつから心的象徴となったのか？

ここでいったん、生物学の世界に戻ることにしよう。

意識や無意識は当然のことながら、脳において行われている活動である。脳の活動を司っているのは、主に神経細胞（ニューロン）である。脳科学では、多くの神経細胞が連絡を取り合って形成しているネットワークが多様な意識の創造を行っていると考えられている。最近の神経生理学の発展はめざましく、感覚や行動に対してどの脳の領域が関連しているかが解明されつつあるが、どのネットワークが何の意識を司っているのかは、まだこれからの研究課題となっている。さらに、神経細胞のネットワークによって脳の中に形成された世界を「マインドセット」ととらえた研究が進められている（澤田 2023）。

ここで、脊椎動物における脳の構造を外観してみよう。

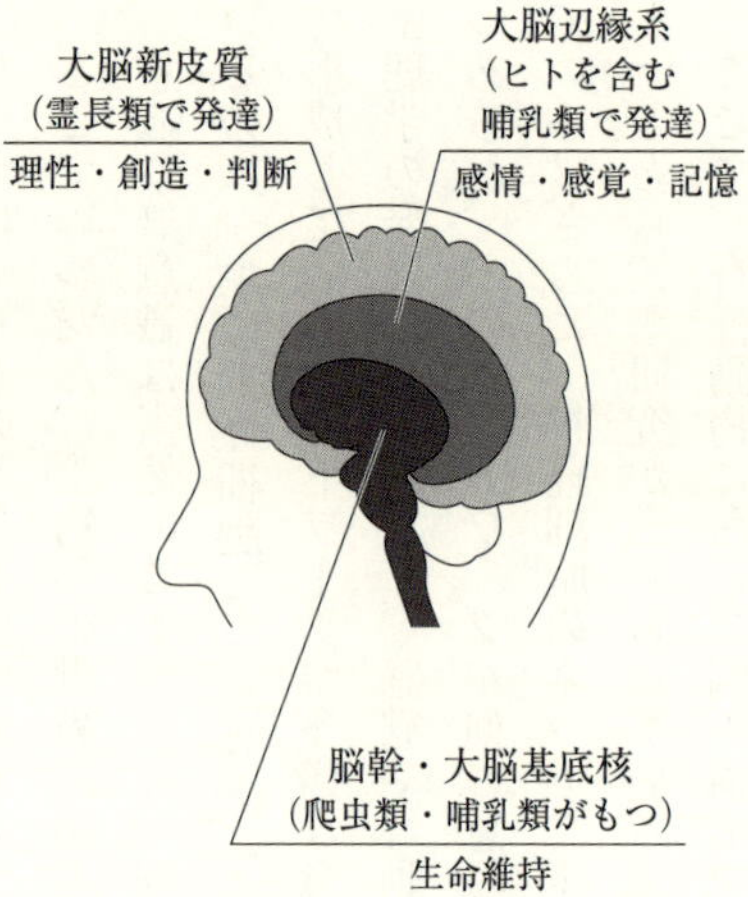

図5-4　ヒトの脳の構造．白色部は小脳．澤田(2023)より．

脳の構造は、生物進化の過程で増築を繰り返してきたと考えられる。もっとも古い脳は、脊髄神経につながる「脳幹・大脳基底核」(爬虫類・哺乳類がもつ)、その外側には「大脳辺縁系」(哺乳類で発達)が形成され、さらにその外側を「大脳新皮質」(哺乳類のなかでも霊長類で発達)が包み込んでいる(図5-4)。

　脳の最も奥に位置する「脳幹」は基本的な生命維持の調節を担っており、呼吸や自律神経(心臓の鼓動、消化管の分泌、体温調節など)を制御している。「大脳基底核」は、食欲、性欲、攻撃、危険回避など本能行動を調節している。「脳幹・大脳基底核」の外側には、「大脳辺縁系」があり、感情、感覚、記憶を司る。さらに、その外側を覆う「大脳新皮質」は、理性、創造、判断などを制御している。新皮質の表面積を増すためにシワが形成され、その中枢の役割は部位ごとに異なる。情報の処理(感覚野)および統合(連合野)、記憶の長期保存(様々な部位)が行われ、インプットされた情報が記憶になっていく。

脳の活動と夢の関係について、これまでに明らかになっていることは、まず、睡眠中に大脳辺縁系の活動が上がることである。さらに、大脳新皮質の視覚連合野は、眼球が速く動くレム睡眠（逆接睡眠）中に活動が上がり、夢のなかで視覚イメージが生じる。

一方、思考や事実確認を制御する大脳新皮質の前頭前野は、睡眠中に活動を休むため理性の枠が外され、目覚めた後に記憶している夢はしばしば論理的に合わなかったり、飛躍した内容が生じやすい。見方を変えれば、ここに夢や儀礼の世界につながる自由度があるのかもしれない。

脳と無意識の構造

さて、誤りを恐れずに、脳の構造とユング心理学との関連性を考えてみたい。

前述したように、ユングは、普遍的無意識が人類だけではなく他の動物の間にも共通すると述べている。普遍的無意識により人類だけでなく動物すべてがつながっているというのだ。解剖学的に脳の奥底に位置する「脳幹・大脳基底核」は、爬虫類から哺乳類に共通して存在する基本的な部位なので、もしかすると、ここが普遍的無意識を形成する神経細胞のネットワークが存在する場所なのかもしれない。

また、個人的無意識になると、もう少し記憶がはたらく「大脳辺縁系」の一部が関係しているのだろうか？

そして、意識の形成は、「大脳辺縁系」と「大脳新皮質」ということになるだろう。

意識と無意識の間を往来するヒグマのイメージは、夢や儀礼を通して、脳におけるこの三層構造のネットワークを往来するとも考えられる。

人類におけるクマ送り儀礼の共通性と多様性

ホモ・サピエンスのゲノム解析情報によると、全ゲノムの九九・九パーセントは個人間で共通している。この遺伝的共通性は、脳における神経細胞のネットワークの個人間の類似性にも反映される。そこで生まれる意識および無意識は、当然のことながら、ヒトとしての心理的共通性につながるだろう。

第4章では、ユーラシアの先住民および、北米での先住民によるクマ送り儀礼の発達が、亜寒帯という両地域間で類似する自然環境のなかで収束的に起こった可能性を指摘したが、本章で紹介した心理学や脳科学から見ても何ら不思議ではない。

もちろん、見方を変えれば、ゲノムの〇・一パーセントは個人の間で異なるわけだし、亜寒帯といってもその環境には地域間の違いがあるので、クマ送り儀礼の様式や発展にある程度の地域的多様性があることは当然であろう。ユング心理学においても、普遍的無意識のなかにある元型は共通であっても、そこには、家族的・文化的無意識があり、さらに個人的無意識には違いがあり、個人の意識に投影される心像の現れ方には多様性があるとされている。

また、第3章では、ネアンデルタール人とホモ・サピエンスおよびクマ送り儀礼との関連性を考察した。しかしながら、ネアンデルタール人がクマ送り儀礼を行った確たる証拠は、今のところ報告されていない。

一方、最新のゲノム科学により、ユーラシアのホモ・サピエンスにはネアンデルタール人のゲノムの一部が受け継がれていることが報告され、両人類において遺伝的交流があったと考えられている。そのため、両人類の間で共有できる概念を生み出す神経細胞のネットワークが形成されていたとしても不思議ではない、と私は考える。

最近のゲノム科学データ、本章で紹介したユング心理学、そして脳科学の知見を考え合わせれば、ネアンデルタール人が、何らかのクマ送り儀礼を発展させる背景や可能性は十分あったのではないか？　ただし、ネアンデルタール人が絶滅する前に、クマの狩猟から儀礼までの流れを発展させるために必要な「儀礼の進化的時間」を持ち合わせていたならば、という条件つきではあるのだが。

4　クマ送り儀礼は文化的に記憶されたのか

文化的記憶と遺伝

社会的記憶および文化的記憶は、ヒトの社会や文化が継続する間、社会的・文化的活動を通して、世代を経て伝えられていく。これは、記憶であり、遺伝現象ではない。記憶が社会・文化として世代間を伝えられる間に発展・変容していくこともあるだろう。

個人レベルで見れば、あるヒトの脳で記憶された内容が子どもに遺伝するわけではない。あくまでも、社会や文化において、物質、情報、活動が渡し手から受け手へ伝えられるのだ。社会も文化も、ある世代で担い手や手段がなくなれば、そこで培われた記憶は停止し、次の世代へ伝えられない。

しかし、前節3で述べたように、私たちは同じホモ・サピエンスであるため、世界中で同じような感受性をもち、時代と空間を超えて、直接的・間接的なコンタクトがなくとも、同一ではないが、同じような文化や社会が発展し、それが記憶として再び伝えられていくことがあっても不思議ではない。

時代や場所が異なっても、ヒトが同じような環境（第3章3節で述べたニッチ）で生活することにより、独立して、収束的（収れん的ともいう）に類似した社会や文化が形成されれば、社会的・文化的記憶があたかも先祖代々伝えられているかのように見えるのである。

北米大陸でのヒトとヒグマの移動

第3章で紹介したように、アフリカで進化したホモ・サピエンスは、今から約六万年前にアフリカを出てユーラシアに拡散した後、ユーラシア北東部からベーリンジアを経て北米大陸へ移動した。それは、約二万年前以降のことである。

当初は、北米大陸に形成されていた巨大な氷床が存在したため、行く手を阻まれアラスカあたりにとどまっていた。しかし、約一万数千年前に完新世になって氷床がとけ始め、巨大氷床の間にできた無氷回廊を通って南下できるようになり、人類は南米南端にまで到達したと考えられている。また、ベーリンジアを渡ったヒトの集団から分かれた一部の集団が、無氷回廊を通らないで、太平洋岸を南下するルートをとって南米に到達した可能性もある。

一方、中央アジアを故郷にもつヒグマも、ユーラシアからベーリンジアを経て、北米へ渡ったと考えられる。この移動時期は、ホモ・サピエンスの拡散時期と重なる。ヒグマは生息地として森林を必要とするので、ホモ・サピエンスとは異なり自然環境に大きく依存しながら移動することとなり、その速度はホモ・サピエンスよりも遅かったと推察される。

さらに、第4章で紹介したミトコンドリアDNAの遺伝子分布地図が示すように、ユーラシアから北米大陸へ少なくとも三回の大きな渡来の波があったものと思われる。ヒグマは海路をとることができないので、やはり、巨大な氷床の間にできた無氷回廊を通って南下した。しかし、寒冷気候を好むヒグマは、現在のメキシコあたりで南下をとどめ、温暖な中米には到達しなかったと考えられる。

中南米でクマ送り儀礼はあったのだろうか

ヒグマが不在の中央アメリカ(メソアメリカともいう)では、ホモ・サピエンスはクマ送り儀礼を行ったのだろうか?

前述したように、古代人はユーラシアからベーリンジアを経て北米に到達したが、何世代もかけてベーリンジアを渡っている時代にも、クマ送り儀礼を挙行し文化的記憶が世代間に伝播されたのだろうか？　または、ベーリンジアおよび北米大陸のどこかでその文化的記憶は一度消滅し、北米の亜寒帯環境のなかで生活する人々の間で、第4章で述べたように収束的にクマ送り儀礼が発展したのか？

この課題への回答には両方の可能性があり、現在のところ、どちらかに結論づけることはできない。しかし、ベーリンジアを渡った人々を祖先とする北米先住民の間には、種々のクマ送り儀礼が行われてきたことは事実である。

さらに、クマ類が分布しない中米に移動した人々の間では、クマ送り儀礼の挙行やそれに関する文化的記憶はどうなったのだろうか？

この問題を考えていた時、中南米先住民の文明の歴史を紹介する、青山和夫編『古代アメリカ文明』が出版された。その著書では、メソアメリカ文明（マヤ［前一一〇〇頃から十六世紀］、アステカ［十五世紀から十六世紀］）およびアンデス文明（ナスカ［紀元前後から七世紀頃］、インカ［十三世紀から十五世紀頃］）について、複数の専門家が文化人類学的・考古学的な研究成果や現地での調査経験をわかりやすく解説している。

私は、執筆者のうちのお二人（青山和夫氏、大平秀一氏）から貴重なご意見をうかがうことができた。さらに、種々の文献等も調べたところ、次のようなことがわかった。

まず、中米や南米では、クマ送り儀礼に関する記録は極めて少ないということである。

中米では、メキシコ古典期ワステカの遺跡から、クマらしき動物をかたどった土器が発掘されている。その周辺にはアメリカクロクマが分布しているが、現在のところ、この土器がクマを形取ったものと断定されたわけではないとのことである。

南米アンデスでは、先コロンブス期（ヨーロッパ人の入植以前）における建物の石彫や伝統的な食器に施された図像には、大型動物をモデルとしたと考えられるものがあり、一部に南米在来のメガネグマを思わせるという報告もある。しかし、これらがメガネグマをモデルとしていると広く認められているわけではないという。

南米にヨーロッパ人が入植した後は、ヨーロッパからもたらされたクマ（ヒグマ）の文化の影響も考えられるため、南米先住民独自のクマ送り儀礼があったかどうかについては、今後の研究が待たれる。

なお、南米アンデスに分布するメガネグマ（図5-5）は、ヒグマなどに見られる「冬眠」をしないことが知られている。

ヒグマのいない中南米の動物儀礼

一方、ヒグマのいない中南米では、大型ネコ科のピューマ(図5-6)やジャガー(図5-7)を対象とした動物儀礼が行われていた(友枝・松本1992; 青山2023)。また、ピューマは、山の神の表象であり、アンデスのインカ文化では、ケーロという木製カップの表面にその姿が描かれたり、広場の門や祭壇にそのレリーフが施されたという。中米のマヤ文明では、ジャガーの毛皮は王権の象徴であった。

ネコ科は、基本的に夜行性で、ほぼ完全な肉食性である。冬眠をしない。ネコ科はクマ科と同じ食肉目ではあるが、クマ類のようなヒトとの形態や食性の類似性もほとんどない。しかし、

図5-5　南米アンデスに生息するメガネグマ．123RFより．

図5-6　北中南米に生息するピューマ(*Puma concolor*)．123RFより．

図5-7　中南米に生息するジャガー(*Panthera onca*)．123RFより．

中南米の自然環境における生態系において頂点に立ち、大型の肉食性で近づきがたいために、神秘性を生んだのかもしれない。

動物地理学的に見ると、これらの大型ネコ科二種は、中米から南米に分布し、ヒグマの分布域とはほとんど重ならず、それよりもずっと南側にあたる。ジャガーは比較的低地や熱帯雨林に分布する一方、ピューマは山岳地帯に生息し(一部、北米にも分布する)、英語ではマウンテンライオンと呼ばれることもある。

また、中南米には、中型ネコ科のジャガランディのほか、オセロットを代表とする小型ヤマネコ類七種が分布するが、その体サイズはイエネコと同じくらいか、またはもう少し大型である。

中南米の先住民の間では、山々の神への信仰が発達した。そこでは、右記のジャガーやピューマに加え、大型の猛禽類であるハヤブサやコンドルが神の使いとして考えられてきた。ユング心理学に基づいて考えると、中南米ではヒグマがいないため、ジャガーやピューマが元型に優位に投影された原始心像となったのではないかともいえよう。

一方、ユーラシア大陸の極東では、ヒグマの生息地に別の大型ネコ科であるトラやヒョウが分布する。しかし、この地域では、大型ネコ科よりもヒグマの方が儀礼の中心的対象となったようだ。トラやオオカミなどヒグマ以外の大型食肉類とヒトとの文化的関係に関する議論もなされてきたが、それらの動物では飼育型クマ送り儀礼のような発展型の儀礼には至っていない。ヒグマ以外の大型食肉類の文化的位置づけとクマ送り儀礼との関係についての議論は池田(2009)に詳しい。

大型ネコ科よりもヒグマの方が儀礼の中心的対象となった理由は何か？　冬眠するヒグマの方が狩猟しやすい、雑食性であるヒグマの方が飼育しやすい、本章3節で述べたように、ヒグマにはヒトの意識のなかで原始心像になるための優位性がある、などがあげられる。

中南米の話に戻ると、ヒトが移動して北米から中米に南下した時、ジャガーやピューマに出会い、これら大型ネコ科への意識が、周辺で姿をみることのできないクマへの文化的記憶を希薄化または忘却させ、無意識から投影される原始心像としての場所を勝ちとったと考えてはどうだろうか。南米のナスカの地上絵には、ネコ科の動物が描かれたものも知られており、その現れであるともいえるだろう。

南米のクマ

南米アンデスにおいて先住民が居住地を拡大していく過程で、メガネグマに出会ったことは事実であるが、メガネグマを使ったクマ送り儀礼は行われたのであろうか。

これまでのところ、確たる証拠はない。もしかすると、冬眠をしないメガネグマに対して、人々は、北半球の亜寒帯においてヒトとヒグマとの精神的関係が生まれたほどの神秘性を感じなかったのかもしれない。または、ヒトとメガネグマが共存する期間は過去およそ一万年以内と思われるので、クマ送り儀礼が発展するには時間が短かった可能性もある。

一方、南米における近世のスペイン支配期以降は、ヨーロッパからの船舶によりヒグマとともにクマ使いが南米へ渡り、クマを使った活動が行われたことが知られている。そのため、スペイン支配期以降の記録に残る南米のクマ行事はその影響を受けていることが大いに考えられる。アンデス在来種のメガネグマを対象とした先住民のクマ送り儀礼であったかどうかという課題については慎重に検討する必要がある。

5 精神的な感受性と寛容性とは

神秘的なものに対する寛容性と子どもの感受性

さて、北半球のクマ送り儀礼の話に戻ろう。

これまで述べてきたように、北半球の先住民の間では、社会的記憶や文化的記憶としてのクマ送り儀礼は、人々の集団のなかで世代を超えて受け継がれてきた。その記憶が希薄となっても、亜寒帯気候が「収束的にその記憶を呼び覚ましてくれた」と思われる。そこでは老若男女が取り囲んで、クマ送り儀礼に参加し、集団の結束が維持されたと考えられる。

その過程において、とりわけ、子どもが果たす役割が大きかったのではないか。

本章1節で述べたように、夜の囲炉裏の周りに座って古老から神話や昔話を聴くために集っているのも、子どもが多かったであろう。

ここで、ヒトの成長と感受性と寛容性の関係を考えてみよう。

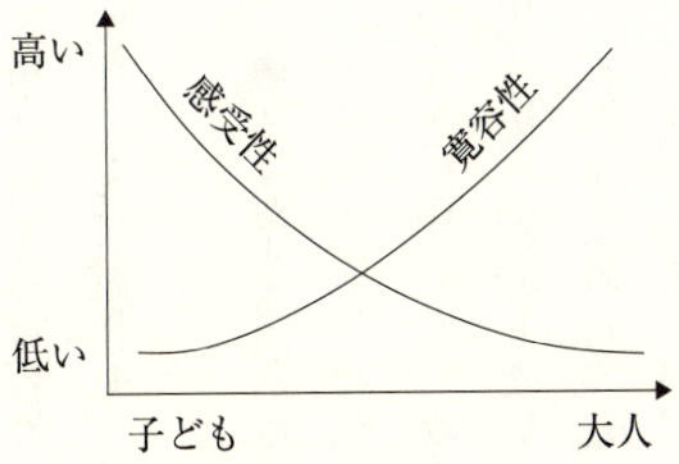

図5-8に示すように、一般的に、子どものうちは高い感受性をもち、何事にも好奇心をもって知りたいと思うだろう。しかし、その感受性は成長するに従って低くなり、好奇心は薄れていく傾向があるのではないだろうか。

他方、子どもは一般的に寛容ではない。もちろん個人差はあり、成長する過程でどんな文化的経験を積むかによって、

高い
低い
感受性
寛容性
子ども
大人

図5-8　ヒトの成長と感受性と寛容性の関係．もちろん個人差があり，成長過程での文化的経験により寛容性が多様化する．

物事に対する寛容性は多様化すると思われる。心豊かな文化的経験は、子どもの頃の感受性を幅広くして維持し、深い寛容性をその後の人生にもたらしてくれるのではないだろうか。

儀礼に対する心の感覚とは

本書を執筆しながら、今から半世紀以上前、私が幼少期に経験した「おしょろ様」という行事を思い出した。クマ送り儀礼ではないが、その精神的感覚や感受性につながるものがあると思うので紹介したい。

私が生まれ育ったのは岐阜県の山村で、鵜飼で知られる長良川沿いにある。

余談ではあるが、私の生まれる前に、裏山の間にある畑の近くで一度ツキノワグマが出没したということを聞いたことがあるが、それ以降、その周辺にクマが出たという情報はない。

さて、子どもの頃の夏には、しばしば、近くの母の実家に何日も泊まって過ごした。祖母は、「お盆には先祖の人たちが家に帰ってくるんだよ」といいながら、毎年八月十三日には「迎え盆」として、仏壇のなかにある先祖の位牌を取り出して座敷の南側にある縁側に並べ、提灯をつけたり、お供物を添えて精霊をお迎えした。この行事を「おしょろ様」という。

八月十五日の夜には、祖母は庭の畑で育った大豆の葉に、塩、米、味噌、山椒の小さい葉をいっしょに包んだ小さなお供物をいくつかつくった。「なぜ、こういうものを葉っぱに包むの?」と尋ねながら、私もそれを手伝った。祖母が作業をしながら教えてくれたことは、「葉っぱに包んだものは、帰ってきたご先祖様たちの食べ物になる」ということであった。おそらく、これらの食材は昔から貴重なものだったのであろう。

その翌朝には早起きして、祖母とともに、冷んやりとした朝もやのなか、近くを流れる長良川の岸辺に出かけた。河原では大小の石を積んでその上に火をつけたろうそくを立て、その傍らには前夜に大豆の葉で包んだお供物を置いてお祈りをした。近所の人たちも周囲の河岸で同じようなことをしていた。これが「送り盆」というもので、「迎え盆」により家に帰ってきた先祖を送り返すというのであった。

後に、岐阜の郷土史を調べた際、于蘭盆(うらぼん)(お盆の正式名)に行う「精霊流し」が「おしょろ様」の語源になっていることを知った(関市史編纂委員会 1956; ふるさと上白金編纂委員会 1981; 土屋 1989)。

私は物心ついた頃から毎年、「おしょろ様」に参加していた。迎え盆から送り盆にかけての行事には、普段の生活とは何か異なる雰囲気があり、わくわくした気持ちでお盆を過ごした。

そのなかで最も私を引きつけたものは、祖母がいう「送り盆で早朝に河原へ行くと鬼に会える」という言い伝えであった。幼かった私には、怖いながらも鬼をどうしても見たいという気持ちが強くはたらいた。眠くても早起きし、毎年、どきどきしながら、祖母のあとについて河原を目指した。しかしながら、鬼はついに一度も私の前に姿を現すことはなかった。対岸もくまなく眺めたのであるが、鬼の姿やその痕跡はなく、静寂な河原にはいつも水の絶え間ない流れがあるのみであった。

鬼は元型か

毎年、送り盆を行って河原から帰宅する時には、「どうして鬼はいないの？」と祖母に尋ねるのだが、祖母は「朝暗いうちに鬼は来ているけれど、日が昇って明るくなるとどこかへ行ってしまう。来年のお盆にはもっと早起きしてまた来ようね」といっていたことを思い出す。

もちろん、この世で鬼は姿を見せないであろう。鬼を見ることは怖いけれども、子どもにとってそれは魅力的で心躍る冒険なのだ。なるほど、魅力の「魅」という文字は、「鬼は未だ」と書くではないか。姿を見せない鬼とは、前述したユング心理学でいうところの「元型」に相当するのかもしれない。

私は、今でも、この「おしょろ様」という行事のなかで、祖母とともにお供物を準備した前夜のことや翌朝に訪れた河原に鬼がいなかったことを思い出すたびに、ほのぼのとした気持ちになる。

鬼が本当に存在するか否かは問題ではないのである。鬼に会えるかもしれない、という期待と不安の錯綜する気持ち、普段とはちがった別世界に入ることにより、私のなかで、「おしょろ様」という儀礼の時間は始まっていたのだ。

きっと、子どもたちが、言い伝えや昔話・神話を聴くなかで感じる温かい感情、そしてそれにつながる「寛容性」が、儀礼に参加した人々の心のなかに生まれるのではないだろうか。子どもならではの高い好奇心と感受性は、儀礼に対する心の寛容性を増長するのかもしれない。

文化人類学の分野では、研究者が異なる文化のなかで生活し、その文化的体験により、内外から文化を理解しようとする参与観察法という研究法がある。一方、クマ送り儀礼は現在では行われていないし、私は過去に体験したことはないのだが、ここに紹介したおしょろ様の経験を通して、クマ送り儀礼に参加した人々に流れる情動や心の感覚を少しだけでも理解できるような気がするのである。

終章　ヒグマ文化論——人間と自然の共存を考える

1　ヒグマに関する二つのとらえ方

ヒグマは自然そしてヒトの精神文化のなかに生きる

これまで述べてきたように、ヒトから見たヒグマの特性には二通りあるように思う。まず一つは、ヒグマのダイナミックな大陸間の移動史を含む自然史とその生態学的特徴の神秘性である。第1章と第2章で紹介したように、ヒグマは自然環境のなかの一員であり、自然そのものといってよいだろう。

ヒグマの生態学的特徴には様々なものがあることを述べたが、ヒトよりも大きい身体をもつかれらが、冬になると地中に姿を消し冬眠する行動は特筆に値する。それが、ヒグマの存在が神秘性へとつながっている大きな要因である。春に生を得て夏に躍動する、そして、晩秋には再び地中に帰り眠りにつく、その反復がヒグマの神秘性を生み出す。

さらに、北半球に広く分布できた理由は、ヒグマには天敵が不在で、雑食性であるからだ。広大なユーラシアに分布拡散したヒグマは、折しもアフリカから出てきたホモ・サピエンスと出会い、その時から現在に至るまで、互いの関係が分断されない歴史が続いてきた。その結果の一つとして、現代では、農作物への被害や人身事故を含む人間社会との摩擦が起こっていることも紹介した。日本を含め、世界各地でその対策が講じられている。

一方で、ヒグマが森林に存在すること自体が生態系にとって価値があり、環境保全に重要なことだという認識もある。種を保存・維持しながら、人間社会との軋轢をなくす努力が行われている。この課題の解決法を考えることは本書の主な目的ではないが、ヒグマの生物・生態学的研究、および、後述するように、ヒグマの文化的研究を学際的にとらえることが、両者の持続的共存の解決策につながると私は考えている。

また、シュミッツ著『人新世の科学』では、「地球の持続可能性を実現するためには、人間(社会)と自然(生態)が互いに「社会—生態システム」として絡み合っていることを再認識する必要がある」と語られている。

中沢新一著『熊から王へ』で述べられている、人間(文化)と自然が対等に共生する「対称性社会」も、この考えにつながるものと思われる。

ヒグマを単に危険で怖い動物としてとらえるのではなく、自然現象そのもの、生態系の一部としてとらえることが大切である。自然に対する個人の価値観、そして社会の価値観には多様性があり、それを尊重しつつも、この社会―生態システムという考え方を念頭におくことは、今後のヒトとヒグマの持続的共存を考えるうえでの要となる。

なお、人新世（英語 Anthropocene の日本語訳）は近年学術的にしばしば使用される用語になったが、その意味は、人類が地球生態系に影響を与えている時期を示す年代区分である。完新世（約一万二千年前から現代）のなかに含まれるが、人新世の開始時期については研究者によって見解が異なる。

ヒトの精神文化におけるヒグマ

ヒグマに関するもう一つの特性は、第3章から第5章で紹介したように、ヒトとヒグマが出会って以降、徐々にヒトの個人および社会における精神文化のなかの一員に迎えられたことである。

それには多様なプロセスがあるが、ユーラシアと北米の先住民に共通してクマ送り儀礼が発達したことは、ヒグマが、ヒトの心の奥底にある（心理学でいう）自己または元型を刺激する存在であることを示しているのではないか、ということを述べた。

本章では、ヒトが生み出したヒグマの精神的価値を考慮しながら、現代人が多様な文化のなかで生きていく術を見出したい。

2 ヒグマへの親近感と神秘性

ヒグマは天上界と地上界を往来できる

これまでに述べてきたように、北半球の先住民の間では共通して、ヒグマを自然の精霊の持ち物、または自然そのものと同義であると位置づけられてきた。この考え方は、ヒトが自然環境のなかで、多様な自然と向き合う生活をしてきたからこそ育まれたものである。まさに、前節で述べた「社会―生態システム」のなかで生まれたものである。

中沢新一著『熊から王へ』においても、文化は本来、自然との対称性のもとで、初めて意味をもつものであった、と述べられている。人間は自然を支配しているのではなく、自然も人間と同じレベルで存在しているのだということを謙虚に認識することが大切なのである。

さらに、アフリカからユーラシアへ進出したホモ・サピエンスが、ヒグマと出会ったことを発端として、ヒグマという動物を狩猟対象からクマ送り儀礼の対象としてとらえるようになった。ヒグマが、単なる動物ではなく、ヒトの心に何かを訴えかけ、畏敬の念をもって迎えるべきものとして扱われるようになったのである。

ホモ・サピエンスは、更新世末期にユーラシアから北米に渡ったのであるが、北米でのクマ送り儀礼は、ユーラシアからの移動にともなって世代を通して伝えられたものか、または、北米で収束的に独立して生じたものかは、現時点で結論づけることは難しい。結果として、文化的記憶が時空を越えて継続しているように見えているのである。これは今後解き明かすべき興味深い課題であろう。

自然と向き合う社会–生態システムの生活環境のなかで、ヒグマに親しみと神秘性を見出し、それを感覚する感受性も生じたと考えられる。この感性は、都会で暮らす現代人には理解しがたいかもしれない。しかし、まったく取り戻せない感覚かというとそうでもなく、第5章で述べたように、この困難さも次世代の子どもにはリセットされ、様々なことを学習するための感受性が用意されるのである。

一個人の経験や記憶は遺伝しないが、次世代の子どもたちには、人間社会のなかで文化的記憶や社会的記憶を学習し、それに基づき新しい文化を発展させていく能力がある。だからこそ、人類の文化は各地で多様化を果たし得たのであろう。

ヒグマに対するヒトの意識の変遷を考えていく過程で私が感銘を受けたことは、第4章と第

5章で述べたように、ヒグマは天上界(カムイ界)から地上界(人間界)へ送られた使者であり、その持ち主は自然の精霊または森の精霊であるという考え方である。つまり、ヒグマは、天上界と地上界を結ぶメッセンジャー(伝言者)としてとらえられたのだ。このような考え方が、ユーラシアと北米の先住民に共通して発展したということは極めて興味深く、心に留めておくべきことである。

さらに、ヒトの心の構造を考えた場合、ユング心理学では、意識(地上界)と無意識(天上界)の間は、睡眠中の夢を介して往来できると考える。無意識の中心にある元型や自己は明確には認識できないものだ。同様に、クマ送り儀礼で想定される天上界に住む精霊の存在も明確に把握することはできない。儀礼を通してヒグマが往来する世界は、ヒトの心と対称的であるといえる。クマ送り儀礼の世界を探求することは、まさに、ヒトの心の構造を探求することにつながるのだ。

ヒグマが二つの世界を往来するという考え方がもたらされた要因として、夏と冬の間の自然景観がまったく異なるという二面性をもつ亜寒帯気候のなかで、偶然か必然か、ヒトとヒグマがともに関わりながら生きてきたことによることが大きい。特に、大型動物であるヒグマが地上から姿を消す冬眠は、古代の人々にヒグマに対する神秘性を増長させたのであろう。

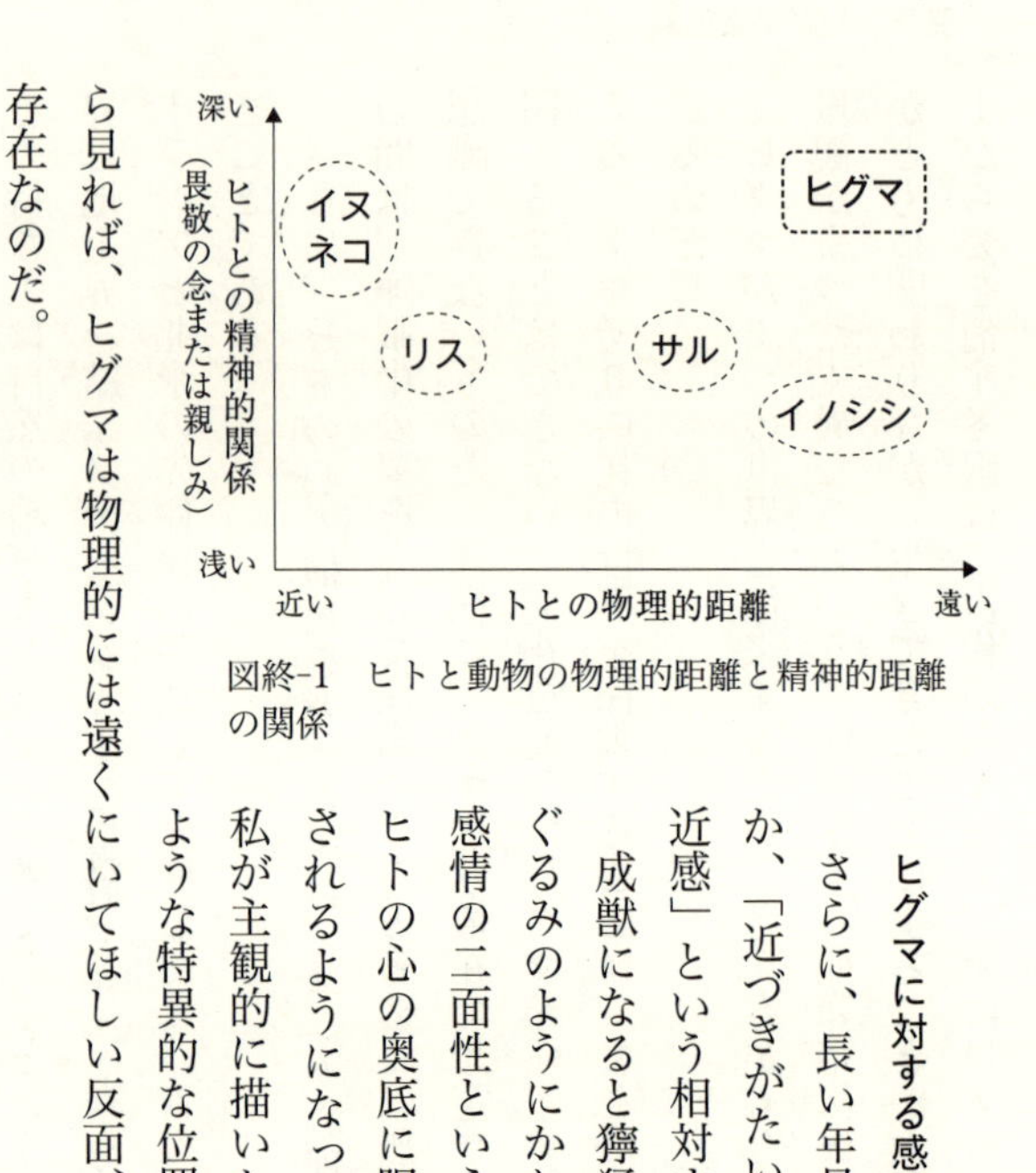

図終-1　ヒトと動物の物理的距離と精神的距離の関係

ヒグマに対する感情の二面性

さらに、長い年月において、ヒトがヒグマと対峙するなか、「近づきがたい感覚」と精神的には「親しみがわく親近感」という相対する感覚が共存している。

成獣になると獰猛で危険な動物である一方、幼獣はぬいぐるみのようにかわいらしい。このようなヒグマに対する感情の二面性というか感覚のギャップが、さらにヒグマがヒトの心の奥底に眠る無意識を刺激し、特別な動物と意識されるようになったといえるだろう（図終-1）。この図は私が主観的に描いたものであるが、動物のなかでヒグマのような特異的な位置にあるものはいない。つまり、ヒトから見れば、ヒグマは物理的には遠くにいてほしい反面、精神的には心の深くに入り込んでいる存在なのだ。

他の野生動物にはこのようにとらえられたものはいない。人間社会のなかで愛玩動物のイヌやネコは、ヒトとの間で物理的距離はゼロといってもよい。そして、かれらは、家族のように親しい存在であるため、ヒトの心情のなかにも深く入り込んでいるが、その方向性はヒグマに対する感情の精神的方向性とはまったく異なる。図終-1は二次元の平面図で表現されているが、三次元で立体的に描くならば、ヒグマに対するベクトルとイヌ・ネコに対するベクトルはまったく異なる方向性を示すのである。

3　ヒグマ文化論の展開

文化とは何か

さて本書では「文化」ということばを使ってきたが、ヒトの精神活動におけるヒグマの存在や価値を考えた場合、クマ送り儀礼は「ヒグマ文化」の中心になるものといってもよいだろう。

北半球の広い地域で行われてきたクマ送り儀礼。そして、その精神的な思いが、ヒトの心の構造を反映していること。これらは、ヒグマ文化なるものを想定するに十分な要素となる。第3章では、類似したことばとして「ヒグマの文化ベルト」についてすでに言及した。ここであらためて文化とは何か、を考えてみたい。

鈴木孝夫著『ことばと文化』によれば、「文化とは、ある人間集団において、親から子へ、祖先から子孫へ伝承される特有の行動や思考様式」と述べられている。つまり、ヒトの行動を支配する諸原理のなかから本能的で生得的なものを除いた残りの部分を指す概念であるという。

ヒグマ文化論へ

このように、文化の特徴は、社会のなかでコミュニケーションにより学習され、前世代または同世代から次世代へ伝達されるものである。文化はヒトに生来的に備わっているものではなく、遺伝的に伝えられるわけでもない。

一方で、これまで何度も述べてきたように、北半球の亜寒帯という自然環境のなかで生活する人々は、物理的にはるか遠く離れていても、ヒグマが生息する社会ー生態システムで生活してきたため、クマ送り儀礼を収束的に発達させることができた。または、ユーラシアから北米への移動の期間も社会的記憶として、クマ送り儀礼の挙行を維持・伝承したのかもしれない。いずれにしても、クマ送り儀礼は生得的なものではない。しかし、第5章で述べたように、ヒグマに対する感受性は、心理学や脳科学から考えても、元来、人間の無意識の奥底に秘められたものと思われる。

さらに、文化に関するもう一つの特徴は、世代間の伝達過程において変化することである。この変化は、発展型・複雑型になる場合が多いが、退化的に進むこともありうる。

第4章で述べたように、クマ送り儀礼のプロセスにおいては、ヒグマを対象にした狩猟からはじまり、狩猟型クマ送り儀礼、そして仔グマ飼育型クマ送り儀礼まで多様に変遷した。アイヌ文化で発展したクマ送り儀礼のイオマンテは、その典型的なものとして認識できよう。さらに、仔グマの授受は、異文化間の交流のためにも使われていた（図終-2）。

以上のことを考えれば、ヒグマ文化というものが想定される資格は十分ある。そして、その文化を考えることを「ヒグマ文化論」と呼ぶこととしたい。

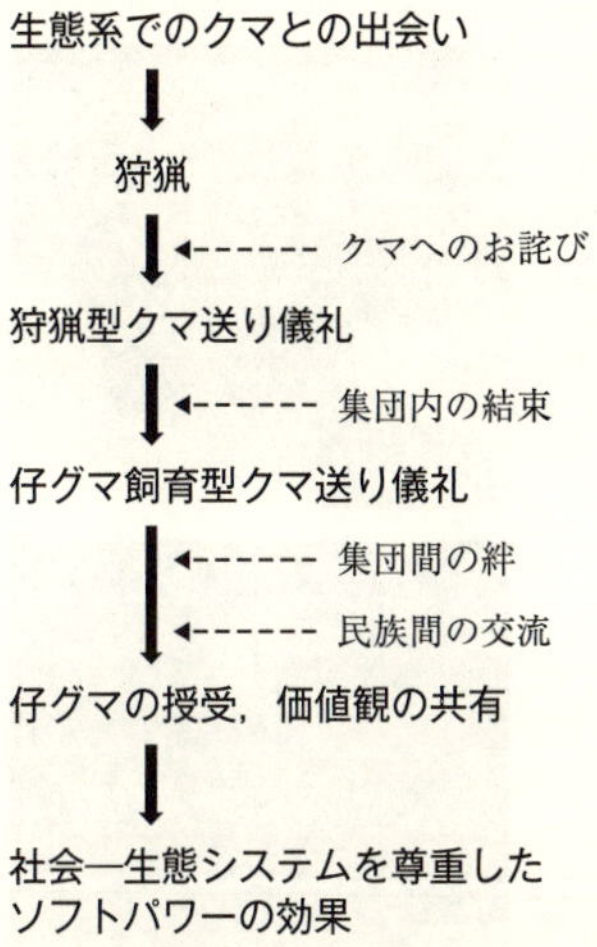

生態系でのクマとの出会い
↓
狩猟
↓ ←------ クマへのお詫び
狩猟型クマ送り儀礼
↓ ←------ 集団内の結束
仔グマ飼育型クマ送り儀礼
↓ ←------ 集団間の絆
　 ←------ 民族間の交流
仔グマの授受，価値観の共有
↓
社会―生態システムを尊重したソフトパワーの効果

図終-2　クマ送り儀礼の変遷

現代に垣間見るヒグマ文化

これまで見てきたクマ送り儀礼は、海外の一部を除いて、現在は行われなくなり、歴史的なものとなりつつある。もちろん、今後、何らかのクマ送り儀礼が行われることがあるかもしれないが。

現代において、一般の人々がヒグマ文化を知る方法はあるだろうか？

北海道を訪れたならば、各博物館や資料館にはその地域の歴史が展示解説されており、必ずといっていいほど、アイヌ文化について展示されている。

二〇二〇年に一般公開されたウポポイ（民族共生象徴空間）の一施設である国立アイヌ民族博物館においても、クマ送り儀礼について学ぶことができる（図終-3）。また、北欧、ロシア、カナダ、米国などの博物館においても、先住民の歴史が展示されており、その中にクマ送り儀礼も含まれている。

図終-3　復元された樺太アイヌのクマ送り儀礼での着飾ったメスの仔グマ（上）．その儀礼でクマをつなぐ二股の高い杭（下）．トドマツ（本写真）またはエゾマツでつくられ，高い方が男性，低い方は女性を表す．国立アイヌ民族博物館にて，筆者撮影．

クマ送り儀礼に関する文化人類学や考古学の学術書が数多く出版されている一方、一般向けにヒグマ文化を紹介する書物も出ている。

第5章で紹介した「ウエペケㇾ」は、種々の教訓を含んだアイヌ文化の口承文芸の昔話である。今はその語り手の話を直接聴く機会はほとんどないが、萱野茂著『アイヌと神々の物語』に代表される、アイヌ語からの和訳本を読むことができる。そのなかに、イオマンテやヒグマが登場する話がある。

ヒグマ猟師からの伝言

さらに、実際の体験からヒグマを知る人たちの話に耳を傾けることも、ヒグマを知る方法である。

ヒグマを知る人とは誰か？

それはクマの猟師である。経験豊富なクマ猟師は、山野でクマを追跡するために、クマの習性を知り尽くしている。しかし、現在の日本では猟師人口が減少していることも事実である。

そんななかでも、クマ猟師が書き記した狩猟記録や体験談により、野生のクマの生態にある程度迫ることができる。また、そのような書物のなかには、当時（明治、大正、昭和時代にかけて）

の人々の暮らしぶりを垣間見ることもできる。これは、昔話や神話とはまた違って、過去の記録に基づくものである。その著作には、文学的な要素に加え、歴史の記録的な要素も含まれている。次に、北海道が舞台となった作品を中心に紹介したい。

まず、西村武重著『ヒグマとの戦い――ある老狩人の手記』は、長年ヒグマ猟師であった著者が、道東やエトロフ島で実際に体験した緊迫したクマ猟の回想記である。さらに、大正時代の当地の人々の暮らしぶりやアイヌの人たちとの交流が記されていて、現在では失われた様子をうかがい知ることができる。

その一つとして、札幌から苫小牧への鉄道がまだ敷設されていなかった頃、札幌から千歳まで徒歩で行った時の出来事が書かれている。その時、千歳で偶然訪問したチセ(住居)のなかで、著者がアイヌの古老から直接聞いた春グマ猟の様子も記されていて大変興味深い。

春三月、雪解けが始まる頃、冬眠の穴から出てきた親子グマを見つけると、猟師二人か三人と、犬二頭か三頭が一組となって山中を追跡する。犬が吠えながら親子グマの近くまで迫ると、仔グマはしばしば木に登るため、たやすく捕獲できるという。この仔グマをコタンに持ち帰り、ヘペㇾセッで飼育し、秋にはイオマンテを行うことになる。第4章で紹介した仔グマ飼育型クマ送り儀礼で使用される仔グマが、どのような方法で捕獲されたのかについて、この記述から知ることができる。

一方、母グマはさらに猟師と犬に追跡され山中で狩猟される。その後、猟犬の体の一部にヒグマの血を塗り、コタンへ追い返す。すると、コタンでは、戻ってきた犬を見てクマ猟がなされたことを知り、クマの運搬の手助けのために、人々が猟犬に狩猟現場へ案内させて出かけていく。この母グマについては、狩猟型クマ送り儀礼を行うことになる。このように、アイヌの古老から聞き取った実際の狩猟のプロセスが説明されている。

なお、千歳線の敷設時期を調べたところ、札幌–苫小牧間の鉄道が開通したのは一九二六(大正十五)年であった。その時代には、秋の千歳川に遡上した天然サケを獲るために、ヒグマが千歳川を訪れていたということもアイヌの古老は述べている。生態系におけるヒグマとサケの関係は、第2章で紹介したが、このような風景は、過去の北海道全域で見られたことであろう。

道央の支笏湖周辺で長年の間クマ猟に携わった別の猟師から聞き取った話も出版されている。姉崎等・片山龍峯著『クマにあったらどうするか——アイヌ民族最後の狩人　姉崎等』がそれである。やはり、ヒグマの狩猟に際しての緊迫した状況や、周囲の自然環境のなかでヒグマと対峙する心構えが詳細に描かれている。

小説文学とヒグマ

ヒグマに関する小説にはどんなものがあるだろうか？

二〇二四年に第一七〇回直木賞を受賞した河﨑秋子著『ともぐい』は、明治時代の北海道のあるクマ撃ちの緊迫した捕獲場面と猟師としての彼の人生が描かれている。これはフィクションであるが、クマ猟師の心理的描写には鋭いものがある。このようなクマ猟師の生活を中心に描かれた小説は数少ない。これは新たな熊文学であり、生命観の多様性や生命を見直す文学であるともいわれている。

宮沢賢治もクマ猟師に関する作品『なめとこ山の熊』を書いている。この作品のなかでは熊と記されているが、地理的状況を考えると、対象は東北地方に生息するツキノワグマである。

また、小説ではないが、野田サトルによる人気漫画『ゴールデンカムイ』では、明治末期の北海道が舞台となっている（一部は映画にもなっている）。ストーリーは架空のものであるが、全体にわたってアイヌ文化にまつわる事柄がわかりやすく紹介されており、そのなかでヒグマも登場する。

クマ獅子舞

さらに、ノンフィクション小説として、吉村昭著『羆嵐』が出版されている。一九一五（大正四）年十二月、北海道の北部・天塩山麓にある苫前町の開拓村において、一頭のヒグマが、二日間に七名の住人を殺害した事件（三毛別ヒグマ事件）を取材し小説としたものである。この小説では、ヒグマと対決する老練な猟師の姿が描かれている。

二〇二四年十一月二十二日付けの日本経済新聞記事（花井 2024）に紹介されているように、三毛別ヒグマ事件の悲劇は、苫前町で五十年以上続く「クマ獅子舞」として、後世に語り継がれている。毎年秋に、子どもから大人までの町民によってこの獅子舞の発表会が公民館で行われ、セリフなしで、事件に基づく物語が踊りで表現される。最初に舞台に登場するクマ獅子は、クマがヒトよりも先に生活していたことを示すという。この獅子舞により、人々はヒグマへの畏怖の念を抱き、いかに共存するかを考える機会にもなっている。

本州からの文化である獅子舞を取り入れたクマ獅子舞は、北海道の歴史が今に伝えられる郷土芸能となっており、ヒグマと本州の芸能が結びついた希少な例である。

図終-4　八雲町郷土資料館・木彫り熊資料館に展示されている戦前の木彫りグマ．大谷茂之学芸員提供．

木彫りグマ

第4章で紹介したように、縄文期以降に土器や動物骨に施されたヒグマの意匠が、北海道の考古学的な遺跡から出土している。

一方、現代のクマ意匠として、北海道の土産品の木彫りグマが知られている。店頭に並ぶ木彫りグマは、しばしば、サケを咥えている。北海道では、いつから木彫りグマがつくられるようになったのだろうか。

その起源および歴史について詳しい八雲町郷土資料館・木彫り熊資料館学芸員の大谷茂之氏によると、時代は明治初期にさかのぼり、場所は北海道八雲町とのことである（大谷 2020）。

八雲町では、江戸末期に尾張徳川家の旧家臣団が移住し、第十九代当主・徳川義親(よしちか)により、明治時代からクマの木彫りの作製が始められ、伝統工芸品として今日でも知られている（図終-4）。

また、現代のクマ意匠に関連するが、北欧フィンランドを訪れると、ヘルシンキ市街地の建

図終-5　フィンランド国立博物館の入り口にあるヒグマ像(左). バルト三国の一つ, エストニアの首都タリンの自然史博物館の玄関にある雪をかぶったヒグマ像(右). 筆者撮影.

物の玄関や壁、そして空港の停留所のポールには、ヒグマをかたどった彫刻や石像をしばしば見かける(増田 2017)。また、北欧にある博物館の入り口にはクマの彫刻が設置されている(図終-5)。北欧では、ヒグマは力強さの象徴とされており、玄関先や施設の入り口に構える大きな置き物になっているのである。いわば、日本のコマ犬のような役割であろうか。

地名とヒグマ

海外の地名には、ヒグマに関連するものがある。

ヘルシンキ市内を走る路面電車の駅名には、「クマ公園 Karhupuisto(Björnparken)」がある。前者がフィンランド語の表記で、karhu はクマ、puisto は公園を意味する。カッコ内はスウェーデン語で、björn はクマ、parken は公園である。二つの地名が併記される理由は、両語がフィンランドの公用語であるからだ。

また、スイスの首都ベルンの語源はドイツ語のクマを意味し、市の紋章にはクマが描かれている。

人名においても、アーサー(英国)、ウルス、ビョルン(北欧)、メドベージェ(ロシア)はクマを意味する。

このように、ヨーロッパ社会ではヒグマの呼び名が様々なところで見られ、その語源をたどると、やはりその力強さに起因しているようである。

ヨーロッパにおけるヒトとクマの関係

さらに、ヨーロッパにおけるヒトとクマの歴史的・文化的関係について、もう少しだけ述べておきたい。文献や海外の共同研究者からの聞き取りによって、私自身も情報を報告してきた(増田 2022)。

まず時代をさかのぼると、文化といえるかどうかわからないが、ローマ時代、クマどうしや剣闘士とクマを戦わせる闘技会が行われていたという歴史がある(ブルンナー 2010)。イタリア・ローマのコロッセウムにおいても闘技会が行われ、地下にはクマを含む大型獣の集団飼育場跡がある(前田 2020)。

一方、東欧のブルガリアやルーマニアでは、ウルサリと呼ばれるクマ使いがヒグマを飼い慣らし、街頭でクマに踊り(ベアダンス)をさせる大道芸が行われていた。ブルガリアでは、動物愛護の観点から現在では行われていないという(シャブウォフスキ 2021)。

クマの大道芸は、東欧に加え、ロシア、中東、南アジアにおいても行われてきた。第5章においても、近世のスペイン支配期以降の南米では、ヨーロッパからクマ使いが船舶で渡ってきたと述べたが、このような背景があったのである。

図終-6　サンクトペテルブルクの公園で見かけた仔グマ(ヒグマ).筆者撮影.

ベアダンスと関係があるかどうかわからないが、二十五年程前にロシアのサンクトペテルブルクを訪れた際、偶然にも、街中の公園で首輪と紐につながれた仔グマを見かけたことがある(図終-6)。私は最初、自分の目を疑ったが、それは明らかにヒグマであった。ベアダンスの芸はなく、飼い主は、有料でこの仔グマといっしょに写真を撮らせていた。一方、周囲の人たちも特別気にしているようすもなく、仔グマの近くでイヌを抱いて座っている散歩中の人もいた。私が飼育されているヒグマを街中で目撃したのは、後にも先にも、この時だけである。

クラシック音楽のなかのヒグマ

東欧のクラシック音楽のなかにもヒグマが登場する(赤羽 2020)。これは、前述したクマの大道芸とも関係するものである。

まず、ハンガリーの作曲家ベーラ・バルトークの組曲「ハンガリーの風景」(一九三一年)では、ハンガリー各地で収集された民謡に基づき、ハンガリーの様々な風景を想像させるピアノ曲が管弦楽に編曲されている。その構成のなかの第二曲「熊踊り」では、クマ使いに連れられたクマが踊っているような足音や動きを真似て、種々の管楽器の低音が響く。

次に、ロシアの作曲家イーゴリ・ストラヴィンスキーのバレエ音楽「ペトルーシュカ」(一九一一年)にもクマの踊りが登場する。この物語は、わら人形の主人公が命を吹き込まれ、人間の感情を抱くというストーリーである。このバレエは四部構成で、最後の一場面に「熊を連れた農夫の踊り」がある。

現在ではクマ使いによるベアダンスは行われていないと思われるが、音楽のなかで踊る東欧のクマの姿を思い浮かべることができるだろう。

ヨーロッパのクマ祭り

ヨーロッパ各地では、現在でもクマに関連した仮装パレードのような祭りが行われる。その由来はヨーロッパで広まったキリスト教の謝肉祭と考えられている。

東欧ルーマニアでは正月に、人々が本物のヒグマの毛皮をまとい、街を練り歩くという。すでに述べたように、ルーマニアではクマ使いによるベアダンスが盛んであったので、それと関連しているのかもしれない。私は新聞記事やウェブサイトでこのクマ祭りを知ったのだが、いつか、このクマの祭りを実見したいと考えている。

このような仮装パレードは東欧のチェコやハンガリー、西欧・南欧のドイツ、フランス、ベルギー、スペイン、イタリアなどでも行われているという（赤羽 2020）。

共同研究のため、何度も訪れたブルガリアにおいても、毛皮でできた仮面や着ぐるみをまとった人々が街を練り歩く、「クケリ」と呼ぶパレードが早春に行われる。その起源は、当地のトラキア文化およびヒグマの神秘性に関係しているという考え方もある（増田 2022）。

以上のように、東欧を中心として、ベアダンス、クラシック音楽、仮装パレード、など様々な芸術・文化にヒグマが結びついている。これらの活動においては、ヒグマに対する畏敬の念は薄れているため、クマ送り儀礼というよりも、クマ祭りといった方がより現実的である。ヨーロッパの人々は、ヒグマを静的な存在ではなく、現実的に活動する動的な存在としてとらえているのではないかと思う。これは、第5章で紹介したユング心理学でいわれているように、西洋では意識や自我の現れが強いことに相関しているのかもしれない。

4 「社会―生態システム」を尊重するソフトパワーの必要性

文化に優劣はなく、固有性がある

ヒグマ文化論の最後の項目として、ヒグマ文化がもつ魅惑的力について考える。

世界には様々な民族による文化があるが、重要なことは、その間で優劣関係はないということだ。さらに、それぞれの文化にはそれぞれの地域において、人間(社会)と周囲を取り巻く自然(生態)の固有のシステムが長い年月をかけて形成されていることを知ることが大切である。つまり、文化とはそこに住む人々にとってかけがえのない遺産であり、人類全体にとっても貴重なものなのだ。

私の専攻分野は動物地理学であるため、これまで海外で現地の共同研究者とともに、動物の生息地に入って調査することが多かった。そこで種々の文化に触れることがあった。

たとえば、中央アジアのシルクロードでは、広大な砂漠に囲まれたオアシスのウイグル族の村を訪問したことがある。日本から来たことが先方に伝えられると、突然の訪問にもかかわらずいつも歓迎を受けた。農村の住居は土塀でできていることが多いが、内部は美しい民族織物で飾り立てられている。そして、日本では味わえない中央アジアの美味しい料理を振るまわれることとなる。そこには、民族独自の言葉があり、衣装もある。また、会話の話題も、日本の社会のことに及んだり、現地での日常の生活や仕事のことであり、私たちが日本の社会で生活しているときとほとんど同じなのだ(もちろん共同研究者により通訳された英語で聞くのであるが)。周囲は乾燥気候で日中の日差しが強いが、家の周囲の庭を眺めると、手入れされたブドウ棚があり、木陰が涼しく心地よい。他の文化と比べてもまったく遜色はなく、いにしえの時代から育まれた文化があり、見ず知らずの旅人を厚くもてなすことが習慣なのだ。

また、タイ北部のジャングルを「探検」した時には、終日歩いたところでカレン族の村を訪問し、竹でつくられた高床式住居に宿泊させていただいたことがある。その床下や庭では何頭ものブタが餌を求めて歩いていた。自給自足の生活である。囲炉裏の周りでは竹の筒で炊いたご飯を初めていただき、新鮮な竹の香りが漂い大変美味しかったことを覚えている。

夜には、近くから古老がやって来て、油成分が多いという特殊な樹木の樹皮の断片に灯りをともし、その地域に古くから伝わる民族の起源に関する伝承を語ってくれた。もちろん、ここでも、カレン族のことばからタイ語、そして英語に訳してもらうのだが、電気のない暗闇のなかで、その古老が歌のように語る伝承には心に響く神秘性が満ちあふれていた。直接言葉が通じなくても、単なる会話ではない、独自の雰囲気を感じることができるのだ。第5章で述べた北米や北ユーラシアの先住民が住居内で夜に語る神話や昔話は、このようなものであったのではないかと感じている。

また、北米やヨーロッパの国々を訪問した際にも、各々の地域の多様な文化に触れてきた。私はこのような経験を通して、世界各地にある文化には規模(人口)の大きさに違いはあっても、文化の内容には各々の地域で古来より育まれた特徴と歴史があり、文化間に優劣がまったくないことを認識した。

ヒグマ文化は魅惑的な力

他者の文化を知ることは、異文化を理解すること、さらには自文化を知ることにつながる。第4章で紹介したように、クマ送り儀礼は、集団内の結束を強めるはたらきをもっている。

さらに、オホーツク文化期の礼文島香深井A遺跡から出土した、ヒグマ頭骨のミトコンドリアDNA分析により、オホーツク人と道南の続縄文人(または擦文人)の間で、仔グマの移動があったことが明らかになった。これは仔グマを通した文化交流がなされていたことを示している。当時、すでに互いの集団が、異なる文化によって成り立っていることを認識しつつも、仔グマに共通の価値観を見出し、仔グマを使ったヒグマ文化により集団間の絆を強めようとした証拠である。まさに、異文化を知り、自文化を知る、である。

おそらく、続縄文人が道南の仔グマを生きたまま礼文島に持参し、献上したと考えられる(または、オホーツク人が道南に出向いて受け取ったかは定かではないが)。仔グマの授受には、舟を使って危険をともないながら往来する必要があったため、互いに何らかのメリットがなければならない。その一つとして、互いの交易を安定的に進めたかったということがあるのではないか。

一方、続縄文文化は津軽海峡を挟んで、本州の弥生文化との交流がさかんだった。では、なぜ続縄文人は北のオホーツク人とも交流する必要があったのか？　あるいは、北のオホーツク人が必要に迫られて南下し、道南の続縄文人との交流を試みていたのかもしれない。本州にはツキノワグマは分布するが、ヒグマは分布しない。オホーツク文化で行われていた「ヒグマ」

を使ったクマ送り儀礼に対して、何らかの魅力やあこがれを感じたために、仔グマを通した交流を試みたのかもしれない。このあたりの謎は、今後に残された興味深い課題である。

ソフトパワーになった仔グマ

いずれにしても、私が感銘を受けるのは、かわいらしいぬいぐるみのような仔グマが民族間の絆を高め、民族間の安定化をもたらす力をもっていたことである。

さて、第4章で紹介した青木保の著書『多文化世界』において、教育文化交流を行うことにより、現代の民族間や国家間の交流を促進できることを国際政治学用語で「ソフトパワー」と呼んでいる(青木が解説しているように、「ソフトパワー」論は、米国の国際政治学者ジョセフ・ナイによって提唱されたものである)。まさに、オホーツク文化と続縄文文化(または擦文文化)の間で授受された仔グマは、民族間、文化間のソフトパワーになっていたといえるのではないか。

さらに、青木は同書で、「ソフトパワーは文化の魅力である」とも述べている。仔グマ飼育型クマ送り儀礼は、すでに、当時の人々の間で魅力ある文化に取り込まれ、それがソフトパワーとして有効にはたらいたのである。また、遺跡から出土するクマ意匠や現代の木彫りグマも、ソフトパワーになりうる象徴性を示しているのではないかと思われるのである。

青木のいう「文化は魅惑的力」になるということばをヒグマに当てはめるならば、ヒグマ文化は魅惑的力といってもよい。これまで述べてきたように、生物的・生態的にも神秘性を秘めたヒグマであったからこそ、人々の精神の象徴になることができ、魅惑的な力をもつ文化の発展へとつながってきたのだ。

「社会—生態システム」を尊重するソフトパワー

ソフトパワーに対するものは、「ハードパワー」である。これは、自国の軍事力や経済力を対外的に示すことにより、相手との間で摩擦が起きないようにすることである。いわば威圧的な交渉である。また、国内に向けても同様に行われることがある。

現代社会において、大国は強大なハードパワーを有し、周辺国、小国や少数民族への威嚇が現実化している。さらに、実際にハードパワーを行使し、今現在においても地球上で国際的な紛争や分断化が生じていることは大変悲しいことである。

青木は著書『多文化世界』のなかで、「異文化理解を通して多文化世界を擁護し、文化の力を見つめ直すことを通したその実現を目指し、人間がともに生きていくうえでの共通項を探ることこそ、二十一世紀の世界の平和と繁栄の条件ではないでしょうか」とも述べている。逆にいえば、大国が異文化を理解しないならば、多文化の存在を認識できなくなり、結局は自文化（自国）の衰退を招くことになるのではないか。

また、青木は別の著書『異文化理解』において、「異文化を理解することの意義は、ひとつには自分たちにないものをその中に発見して、それが自文化ではどうしてなくなったんだろうとあらためて考えさせずにはおかないところにもあるように思います。これは異文化が単にもの珍しい存在というだけでなく、自文化を見直す機会としてもあるということです」と述べている。まさに、現代の私たちが、クマ送り儀礼の文化を多方面から考えて深く知るということは、異文化を理解し、自文化の存在の意義を考えることなのだ。生物多様性の重要性と同じように、社会も画一化に向かうのではなく、多様性を維持・重視することに意義がある。

これまで述べてきたヒグマ文化には、集団を結束させる、他集団の文化を認めその間の絆を強めるという魅惑的な力がある。もちろん、ヒグマ文化に限らず、人類が発展させてきた文化は、これからの世界を生きていくうえで人間社会の力となるだろう。

本書で私が伝えたいことは、ヒグマ文化を切り口として文化を学ぶ、または、学ぼうとすることが、異文化理解とは何であるかを理解する糸口を見つけることになるのではないか、ということである。

北半球に発達した固有のヒグマ文化をあらためて見つめ直すことは、現代の民族間、国家間の摩擦をなくすことに必ずや貢献できるのではないかと私は確信している。

さらに、ヒグマ文化のような「魅惑的な文化」とは何か、を考えることは、地球規模でヒトの持続的共存をめざす持続可能な開発目標（ＳＤＧｓ）、そして、人間社会のダイバーシティーおよびインクルージョンの理解や多様な解決策に結びつく。

このヒグマ文化論で最後に述べたいことは、人間（社会）と自然（生態）の地域固有のシステムが長い年月をかけて形成されている多様な文化が存在することを知り、またそれぞれのシステムの特徴を考えることにより、自らが暮らす自文化の大切さを振り返ることができるということである。

「人新世」の時代には、人間社会だけを考えた枠組みではなく、自然生態系との関わりをもつて人類が構築できる文化の発展のために、「社会―生態システム」を尊重するソフトパワーが必要である。そのソフトパワーの一つとして、人間と自然の関係のなかで育まれてきたクマ送り儀礼を考えるヒグマ文化論が大きく貢献できると期待している。

では、このあたりで、私のヒグマ文化論を終えることにする。

おわりに

私が勤める北海道大学では、一年生を対象とした全学教育授業「環境と人間　ヒグマ学入門」が開講されてきた。全国的に見ても、この授業はヒグマ文化論が大学の教育に取り入れられてきた唯一の例である。

この授業の発端は、天野哲也・北海道大学総合博物館元教授が二〇〇三年後期から選択科目として開講したことに始まる。その当初より、私は講師陣の一人として参加し、二〇一二年からは世話役を務めた。

この授業を進めることが、私自身がヒグマ学とは何かを考え、北方域の自然と文化との様々な関係を学ぶことのモチベーションとなった。

学内外でヒグマに関する研究や活動に取り組む十数名のメンバーが授業を担当するオムニバス形式をとり、文理融合の学際的内容になるように、その専門分野は、動物学、植物学、考古学、歴史学、法学、行政学など多岐にわたった。また、実際にヒグマを見ることも大切なので、希望する受講生とともに、道内の登別にある「のぼりべつクマ牧場」への一日見学ツアーも行ってきた。その際には、クマ牧場の前田菜穂子・元学芸員に園内を案内していただき、飼育状況の解説をしていただくとともに、明治以降に起こったヒグマの捕獲の問題について講義していただいた。

さらに、クマ牧場の見学後は、登別近くの白老にある財団法人アイヌ民族博物館(現在、国立アイヌ民族博物館)を訪問し、野外展示のチセ(住居)のなかで囲炉裏を囲み、当時の野本正博館長からイオマンテやアイヌ文化について講義していただいた。

ヒグマ学入門は、多くの受講生から、「北海道らしい授業だ」ということで大変人気を博した。では、北海道らしいとは何か？　おそらく、日本では北海道にしかいないヒグマを象徴としつつ、自然史研究と文化研究が統合されているため、学生たちにも強く印象に残ったのであろう。

多いときには三百名を超える履修希望者があったが、講義室スペースに限界があるため、受講生の抽選をせざるをえないこともあった。毎年、百数十名の受講生が熱心に聴講し、やりがいのある授業であることは、どの講師からも共通した意見になっていた。

受講生からは、「北海道大学を卒業した先輩から、「ヒグマ学入門」は北海道らしい授業で、いまだに印象に残っていると聞いた」という話を聞いたことがある。卒業後もこの授業のことを覚えていて、後輩に紹介してくれたことに感謝したい。

九十分間の授業時間内で、各講師が試行錯誤し受講生と対話しながら進めた。学生にはアンケートに答えてもらう機会があり、回を重ねるごとに、そこから各講師が学ぶことが多かったと思う。

受講後の学生からのコメントとして、森林というものが「野生」、「自然」という物質的なイメージのみでなく、躍動する生命が宿った「物語的なイメージ」に変わった、というのが印象に残っている。

私自身も、ヒグマ学や学生から学ぶことが新鮮で、本書で述べていることは、他の講師のヒグマ学入門の授業を学んで知ったことや、それを統合して新しく心に浮かんだ考えに基づいている。

さらに、はからずも、この数年間の新型コロナウイルスによるパンデミックは、私たちの毎日の生活に大きな影響を及ぼした。私の職場である大学での教育方式にも大きな変化があった。

その一つがオンライン授業で、「ヒグマ学入門」も例外ではなかった。私はパンデミックの期間も本授業の世話人であったため、特に非常勤講師の方々のオンライン授業の進行管理も行った。そのため、思いがけず、一学期間(後期の半年間の授業十五回)の授業を通して、学生とともに聴講することとなった。当初はどうなるものかと心配であったが、あらためて拝聴してみると、種々の分野の講師による授業から新しい刺激を受け、学生とともに授業を楽しむことができたのである。

一方、天野も私も大学の職を定年退職したことにともない、現在、本授業は開講されていない。他方、これまでの講師陣が中心となって共同執筆し、二〇〇六年に著書『ヒグマ学入門』(天野哲也・増田隆一・間野勉編)、その後、二〇二〇年には『ヒグマ学への招待』(増田隆一編著)(ともに北海道大学出版会)が出版され、この授業の教科書として使用されてきた。本授業の記録として、これらの書籍を残すことができたことは幸いであった。

このようなこともあり、本書は、ヒグマに関わる他分野の最近の知見やそれに基づく私の新しい考え方をまとめた、私自身の「ヒグマ学ノート」でもある。ヒグマ学に取り組むことは、「自然とは何か?」、「社会とは何か?」を考えることにつながるものであるが、私にとっては、それまでの純粋な生物学研究分野から新しい別の世界へ踏み込むための精神的な「イニシエーション」であったといえるかもしれない。

本書では、私の専門分野以外の既報の仮説や報告内容についても、私なりの解釈でできる限りわかりやすく紹介したつもりであるが、勘違いや誤解の表現があれば、それはすべて私の文責である。さらに、私からのコメントや新しい提案にも行き過ぎの点があるかもしれないが、どうかご寛恕願いたい。

さて、ここで一つ不思議な現象がある。

それは、私はこれまで、人一倍、ヒグマに関する研究に対して体力、時間、精神を費やしてきたつもりであるにもかかわらず、なぜかクマの夢をついぞ一度も見たことがないことである。または、クマに出会う夢を見たとしても、朝に目覚めた時には、意識のなかからすでにその記憶が消え去っているのであろうか？　修行が足りず未熟であるがために、私にはシャーマンになる資格がまだまだないということなのであろうか？

本書でも述べたように、北米先住民の間では、シャーマンや「クマの夢を見たもの同士の結社メンバー」になるための必要条件は、クマの夢を見ることであり、それを望む者は、寝る前には身近なところにクマの夢を見るためのおまじない品を供えていたという。

ならば、私は本書をおまじない品として枕元に置いて、夢のなかでヒグマと出会うのを地道に待つことにしよう。実際の山林のなかではなく、無意識と意識の狭間でならば、私にはいつでもヒグマに出会う準備はできている。どうか夢がかなうとよいのだが……。
本書で述べてきたように、進化・歴史上、ヒトとヒグマとの出会いが、ヒトの世界に様々な精神活動を生み出してきた。一方で、ヒグマ学の師でもある北海道大学の天野哲也先生との出会い、そして、その後の彼との活発な議論は、私に動物学以外の興味深い研究分野にも目を向けさせていただく機会となった。同研究室の小野裕子先生にもお世話になった。ここに深く御礼申し上げる。

また、これまでの研究は種々の研究費のサポートも受けてきた。なかでも、二〇一八年から五年間続いた文部科学省科学研究費補助金・新学術領域「ゲノム配列を核としたヤポネシア人の起源と成立の解明」(領域略称名:ヤポネシアゲノム、代表:斎藤成也・国立遺伝学研究所教授、当時)では、動植物ゲノム研究グループ(班長:鈴木仁・北海道大学教授、当時)の一員に加えていただいた。何度も異分野の研究者が集い、研究成果発表会が行われたが、その過程で「言語地理学」の存在を知り、その研究者(言語研究グループ班長:遠藤光暁・青山学院大学教授)に出会ったことも、動物地理学を専門にする私にとって新鮮で貴重な出来事であった。その後、先住民によるクマの呼称の地理的多様性について、深澤美香先生(国立アイヌ民族博物館)、海老原志穂先生（京都大学）、小野智香子先生（北海学園大学）にも教えを乞うことになった。

　また、中南米の考古学については大平秀一・東海大学教授、青山和夫・茨城大学教授、北海道の動物考古学について佐藤孝雄・慶應義塾大学教授、北海道のヒグマ管理について釣賀一二三・北海道立総合研究機構エネルギー・環境・地質研究所自然環境部長、クマ送り儀礼の展示物の説明に関して公益財団法人アイヌ民族文化財団企画調整部広報課から貴重なコメントをいただいた。ここに深く御礼申し上げる。

　岩波新書編集部の島村典行氏には、前著『ユーラシア動物紀行』の出版時と同様に、丁寧で的確なアドバイスをいただき、厚く御礼申し上げる。

　これまで研究をともにしてきた国内外の共同研究者、ならびに当研究室の卒業生とは楽しく研究させていただいた。学生たちによるブレイクスルーがあったからこそ研究が進展した。

　最後に、研究生活を温かく見守ってくれた今は亡き両親、そして、日々お世話になっている家族に感謝したい。

二〇二四年十二月　札幌にて

増田隆一

参照文献

〈和文〉


青木保(2001)『異文化理解』，岩波新書．

青木保(2003)『多文化世界』，岩波新書．

青木保(2006)『儀礼の象徴性』，岩波現代文庫．

青山和夫 編(2023)『古代アメリカ文明──マヤ・アステカ・ナスカ・インカの実像』，講談社現代新書．

赤羽正春(2020)『熊神伝説』，図書刊行会．

姉崎等[語り手]・片山龍峯[聞き書き](2014)『クマにあったらどうするか──アイヌ民族最後の狩人　姉崎等』，ちくま文庫．

天野哲也(2003)『クマ祭りの起源』，雄山閣．

天野哲也(2008)ユーラシアを結ぶヒグマの文化ベルト．『(池谷和信・林良博 編)ヒトと動物の関係学 第4巻　野生と環境』，pp. 45-68，岩波書店．

天野哲也(2020)クマ信仰・儀礼はなぜヒグマで顕著なのか．『(増田隆一 編)ヒグマ学への招待──自然と文化で考える』，pp. 133-156，北海道大学出版会．

天野哲也・増田隆一・間野勉 編著(2006)『ヒグマ学入門──自然史・文化・現代社会』，北海道大学出版会．

五十嵐ジャンヌ(2023)『洞窟壁画考』，青土社．

池田貴夫(2009)『クマ祭り──文化観をめぐる社会情報学』，第一書房．

伊福部宗夫(1969)『沙流アイヌの熊祭』，みやま書房．

宇田川洋(1989)『イオマンテの考古学』，東京大学出版会．

内山岳志・北海道新聞社 編(2023)『ヒグマは見ている──道新クマ担記者が追う』，北海道新聞社．

大谷茂之(2020)木彫りとなったヒグマ．『(増田隆一 編著)ヒグマ学への招待──自然と文化で考える』，pp. 223-244，北海道大学出版会．

大貫静夫・佐藤宏之 編(2005)『ロシア極東の民族考古学──温帯

森林猟漁民の居住と生業』，六一書房．

オットー R.［久松英二 訳］(2010)『聖なるもの』，岩波文庫．

小野裕子(2006)ヒトとヒグマの考古学――“儀礼行為”を遡る．『(天野哲也・増田隆一・間野勉 編著)ヒグマ学入門――自然史・文化・現代社会』，pp. 109-123，北海道大学出版会．

萱野茂(2020)『アイヌと神々の物語――炉端で聞いたウウェペケレ』，ヤマケイ文庫．

河合隼雄［河合俊雄 編］(2009)『ユング心理学入門』，岩波現代文庫．

河合隼雄(2017)『無意識の構造』，中公新書．

河﨑秋子(2023)『ともぐい』，新潮社．

クルテン B.［河村愛・河村善也 訳］(2015)『ホラアナグマ物語――ある絶滅動物の生と死』，インデックス出版．

小泉逸郎(2020)想像を超えたヒグマとサケのつながり．『(増田隆一 編著)ヒグマ学への招待――自然と文化で考える』，pp. 67-86，北海道大学出版会．

佐藤孝雄(2005)斜里町以久科北海岸遺跡のヒグマ頭骨．知床博物館研究報告 26: 71-76．

佐藤孝雄 編(2006)『シラッチセの民族考古学』，六一書房．

佐藤宏之(2024)アイヌ文化のクマ儀礼の起源をめぐって．『(東京大学文学部常呂実習施設／考古学研究室 編)オホーツクの古代文化』，pp. 126-129，新泉社．

佐藤喜和(2006)ヒグマの生態．『(天野哲也・増田隆一・間野勉 編著)ヒグマ学入門――自然史・文化・現代社会』，pp. 3-16，北海道大学出版会．

佐藤喜和(2021)『アーバン・ベア――となりのヒグマと向き合う』，東京大学出版会．

澤田誠(2023)『思い出せない脳』，講談社現代新書．

篠田謙一(2022)『人類の起源――古代 DNA が語るホモ・サピエンスの「大いなる旅」』，中公新書．

下鶴倫人(2023)クマの冬眠の生理・代謝機構――如何に太り，如何に痩せるか．低温科学 81: 181-189．

シャブウォフスキ W.［芝田文乃 訳］(2021)『踊る熊たち――冷戦

後の体制転換にもがく人々』，白水社.
シュミッツ O.［日浦勉 訳］(2022)『人新世の科学――ニュー・エコロジーがひらく地平』，岩波新書.
鈴木孝夫(1973)『ことばと文化』，岩波新書.
瀬川拓郎(2007)『アイヌの歴史――海と宝のノマド』，講談社選書メチエ.
関市史編纂委員会(1956)『関市に於ける年中行事』，関市教育委員会.
高桒祐司ほか(2007)群馬県上野村不二洞産のヒグマ化石．群馬県立自然史博物館研究報告 11: 63-72.
竹中健(2006)ヒグマとシマフクロウ．『(天野哲也・増田隆一・間野勉 編著)ヒグマ学入門――自然史・文化・現代社会』，pp. 86-101，北海道大学出版会.
ダンバー R.［鍛原多恵子 訳］(2016)『人類進化の謎を解き明かす』，インターシフト.
千歳市教育委員会(1984)『千歳市美笛における埋蔵文化財分布調査』，千歳市文化財調査報告書 10.
知里真志保(1976［1962］)『分類アイヌ語辞典　植物編・動物編』3.『知里真志保著作集』別巻 1 所収，平凡社.
土屋一(1989)『中濃の民俗』，大衆書房.
東京大学文学部常呂実習施設／考古学研究室 編(2024)『オホーツクの古代文化』，新泉社.
友枝啓泰・松本亮三(1992)『ジャガーの足跡――アンデス・アマゾンの宗教と儀礼』，東海大学出版会.
坪田敏男(2023)クマ類の冬眠――繁殖との関係．低温科学 81: 173-180.
中沢新一(2002)『熊から王へ』，講談社選書メチエ.
中山茂大(2022)『神々の復讐――人喰いヒグマたちの北海道開拓史』，講談社.
西村武重(2021)『ヒグマとの戦い――ある老狩人の手記』，ヤマケイ文庫.
野田サトル(2015-2022)『ゴールデンカムイ』1〜31 巻，集英社.
花井秀昭(2024)「くま獅子舞 悲劇語り継ぐ：大正時代の「三毛別

羆事件」，地元の北海道・苫前で住民が舞台に」，2024年11月22日付け日本経済新聞記事.
ふるさと上白金編纂委員会(1981)『ふるさと・上白金』，上白金公民館.
ブルンナー B.［伊達淳 訳］(2010)『熊　人類との「共存」の歴史』，白水社.
ブロムレイ G. F.［藤巻裕蔵・新妻昭夫 訳］(1972)『南部シベリアのヒグマとツキノワグマ――その比較生物学的研究』，北苑社.
ペーボ S.［野中香方子 訳］(2015)『ネアンデルタール人は私たちと交配した』，文藝春秋.
ヘンダーソン J. L.［河合隼雄・浪花博 訳］(1974)『夢と神話の世界――通過儀礼の深層心理学的解明』，新泉社.
北海道環境生活部自然環境局(2022)北海道ヒグマ管理計画(第2期)本文・資料編．2022年4月4日最終更新版(https://www.pref.hokkaido.lg.jp/ks/skn/higuma/higuma.html)
北海道環境生活部自然環境局(2023)ヒグマ検定(https://www.pref.hokkaido.lg.jp/ks/skn/higumafes.html)
北海道環境生活部自然環境局(2024)令和6年度ヒグマ対策関係者会議資料(https://www.pref.hokkaido.lg.jp/ks/skn/higuma/150327.html)
北海道大学総合博物館(2024)『オホーツク文化の研究5 目梨泊遺跡(2)』，北海道大学総合博物館研究報告 第9号.
北海道立埋蔵文化財センター(2003)『奥尻町 青苗砂丘遺跡2』，北海道立埋蔵文化財センター重要遺跡確認調査報告書 第3集.
前田菜穂子(2020)ヒグマの生活史――飼育と観察記録からの探求.『(増田隆一 編著)ヒグマ学への招待――自然と文化で考える』，pp. 285-301，北海道大学出版会.
増田隆一(2017)『哺乳類の生物地理学』，東京大学出版会.
増田隆一(2019)『ユーラシア動物紀行』，岩波新書.
増田隆一 編著(2020)『ヒグマ学への招待――自然と文化で考える』，北海道大学出版会.
増田隆一(2021)『うんち学入門――生き物にとって「排泄物」と

は何か』，講談社ブルーバックス．

増田隆一(2022)ヨーロッパと日本のヒグマとクマ文化．『(増田隆一・金子弥生 編著)知られざる食肉目動物の多様な世界――東欧と日本』，pp. 210-225，中西出版．

宮崎充功(2023)ツキノワグマにおける冬眠期の筋肉量維持機構の探索．低温科学 81: 191-198.

宮沢賢治(1988)なめとこ山の熊．『風の又三郎』，角川文庫．

柳川久(2024)『北の大地に輝く命――野生動物とともに』，東京大学出版会．

山中正実(2020)ヒグマの生態．『(増田隆一 編著)ヒグマ学への招待――自然と文化で考える』，pp. 15-42，北海道大学出版会．

ユング C. G.［松代洋一・渡辺学 訳］(1995)『自我と無意識』，レグルス文庫(第三文明社)．

吉村昭(1982)『羆嵐』，新潮文庫．

米田政明・阿部永(1976)エゾヒグマ(*Ursus arctos yesoensis*)の頭骨における性的二型および地理的変異について．北海道大学農学部邦文紀要 9: 265-276.

リョンロット E. 編［小泉保 訳］(1976)『フィンランド叙事詩　カレワラ』上・下，岩波文庫．

ロックウェル D.［小林正佳 訳］(2001)『クマとアメリカ・インディアンの暮らし』，どうぶつ社．


〈英文〉

Ashrafzadeh M. R. et al. (2016) Mitochondrial DNA analysis of Iranian brown bears (*Ursus arctos*) reveals new phylogeographic lineage. *Mamm. Biol.* 81: 1-9.
Bon C. et al. (2008) Deciphering the complete mitochondrial genome and phylogeny of the extinct cave bear in the Paleolithic painted cave of Chauvet. *Proc. Natl. Acad. Sci. U. S. A.* 105: 17447-17452.
Ebihara S. et al. (2022) 'Bear' in Tibeto-Burman. In (Suzuki H. et al. eds.) *Linguistic Atlas of Asia and Africa*, pp. 253-255,

Geolinguistic Society of Japan.

Endo Y. et al. (2021) Demographic history of the brown bear (*Ursus arctos*) on Hokkaido Island, Japan, based on whole-genomic sequence analysis. *Genome Biol. Evol.* 13, evab 195. (doi: 10.1093/gbe/evab195)

Fukazawa M. (2022a) 'Bear' in Asian and African languages. In (Suzuki H. et al. eds.) *Linguistic Atlas of Asia and Africa*, pp. 239-240, Geolinguistic Society of Japan.

Fukazawa M. (2022b) 'Bear' in Ainu. In (Suzuki H. et al. eds.) *Linguistic Atlas of Asia and Africa*, pp. 242-243, Geolinguistic Society of Japan.

Hailer F. et al. (2012) Nuclear genomic sequences reveal that polar bears are an old and distinct bear lineage. *Science* 336: 344-347.

Hallowell I. (1926) Bear ceremonialism in the northern hemisphere. *Am. Anthropol.* 28: 1-175.

Hirata D. et al. (2013) Molecular phylogeography of the brown bear (*Ursus arctos*) in northeastern Asia based on analyses of complete mitochondrial DNA sequences. *Mol. Biol. Evol.* 30: 1644-1652.

Hirata D. et al. (2014) Mitochondrial DNA haplogrouping of the brown bear, *Ursus arctos* (Carnivora: Ursidae) in Asia, based on a newly developed APLP analysis. *Biol. J. Linn. Soc.* 111: 627-635.

Hirata D. et al. (2017) Paternal phylogeographic structure of the brown bear (*Ursus arctos*) in northeastern Asia and the effect of male-mediated gene flow to insular populations. *Zool. Lett.* 3: 21. (doi: 10.1186/s40851-017-0084-5)

Kaczensky P. (2018) *IUCN Red List Mapping for the Regional Assessment of the Brown Bear* (*Ursus arctos*) *in Europe* (published in June 2018). (https://www.iucnredlist.org/species/pdf/144339998/attachment)

Kurtén B. (1976) *The Cave Bear Story — The Life and Death of a Vanished Animal*, Columbia Univ. Press, New York.

Lan T. et al. (2017) Evolutionary history of enigmatic bears in the Tibetan Plateau-Himalaya region and the identity of the yeti. *Proc. R. Soc. B* 284: 20171804. (doi: 10.1098/rspb.2017.1804)

Masuda R. et al. (2001) Ancient DNA analysis of brown bear (*Ursus arctos*) remains from the archeological site of Rebun Island, Hokkaido, Japan. *Zool. Sci.* 18: 741-751.

Masuda R. et al. (2006) Ancient DNA analysis of brown bear skulls from a ritual rock shelter site of the Ainu culture at Bihue, central Hokkaido, Japan. *Anthropol. Sci.* 114: 211-215.

Matsubayashi J. et al. (2015) Major decline in marine and terrestrial animal consumption by brown bears (*Ursus arctos*). *Sci. Rep.* 5: 9203. (doi: 10.1038/srep09203)

Matsuhashi T. et al. (1999) Microevolution of the mitochondrial DNA control region in the Japanese brown bear (*Ursus arctos*) population. *Mol. Biol. Evol.* 16: 676-684.

Mizumachi K. et al. (2021) Phylogenetic relationships of ancient brown bears (*Ursus arctos*) on Sakhalin Island, revealed by APLP and PCR-direct sequencing analyses of mitochondrial DNA. *Mamm. Res.* 66: 95-102.

Ohdachi S. et al. (1992) Growth, sexual dimorphism, and geographical variation of skull dimensions of the brown bear *Ursus arctos* in Hokkiado. *J. Mamm. Soc. Japan* 17: 27-47.

O'Sullivan N. J. et al. (2016) A whole mitochondria analysis of the Tyrolean Iceman's leather provides insights into the animal sources of Copper Age clothing. *Sci. Rep.* 6: 31279. (doi: 10.1038/srep31279)

Ono C. (2022) 'Bear' in Chukotko-Kamchatkan. In (Suzuki H. et al. eds.) *Linguistic Atlas of Asia and Africa*, p. 241, Geolinguistic Society of Japan.

Sato T. et al. (2009) Mitochondrial DNA haplogrouping of the

Okhotsk people based on analysis of ancient DNA: an intermediate of gene flow from the continental Sakhalin people to the Ainu. *Anthropol. Sci.* 117: 171-180.

Sato T. et al. (2021) Whole-genome sequencing of a 900-year-old human skeleton supports two past migration events from the Russian Far East to northern Japan. *Genome Biol. Evol.* 13 (9): evab 192. (doi: 10.1093/gbe/evab192)

Servheen C. et al. (complilers) (1999) *Bears: Status Survey and Conservation Action Plan.* IUCN/SSC Bear and Polar Bear Specialist Groups. IUCN, Gland, Switzerland and Cambridge, UK.

Stirling I. ed. (1993) *Bears: Majestic Creatures of the Wild.* Rodale Press, Emmaus.

Suzuki H. et al. eds. (2022) *Linguistic Atlas of Asia and Africa*, Geolinguistic Society of Japan. (doi: 10.5281/zenodo.7118188)

Tourmadre N. & Suzuki H. (2023) *The Tibetic Languages: An Introduction to the Family of Languages Derived from Old Tibetan*. Lacito-Publications. (https://lacito.cnrs.fr/en/the-tibetic-languages-2/)

Yu L. et al. (2007) Analysis of complete mitochondrial genome sequences increases phylogenetic resolution of bears (Ursidae), a mammalian family that experienced rapid speciation. *BMC Evol. Biol.* 7: 198. (doi: 10.1186/1471-2148-7-198)

Wozencraft W. C. (2005) Order Carnivora. In *Mammal Species of the World: A Taxonomic and Geographic Reference, 3rd ed. Vol. 1* (DE Wilson and DM Reeder, eds.), pp. 532-628, Johns Hopkins Univ. Press, Baltimore.

増田隆一

1960年岐阜県生まれ．1989年北海道大学大学院理学研究科博士後期課程修了（理学博士）．アメリカ国立がん研究所研究員，北海道大学教授などを経て，
現在－北海道大学大学院理学研究院特任教授，北海道大学名誉教授
専門－動物地理学，分子系統進化学
著作－『ユーラシア動物紀行』（岩波新書），『はじめての動物地理学』（岩波ジュニアスタートブックス），『うんち学入門』（講談社ブルーバックス），『哺乳類の生物地理学』（東京大学出版会），『ハクビシンの不思議』（東京大学出版会），『日本の食肉類』（編，東京大学出版会），『ヒグマ学への招待』（編，北海道大学出版会），『動物地理の自然史』（共編，北海道大学出版会），『知られざる食肉目動物の多様な世界』（共編，中西出版）ほか
2019年日本動物学会賞，日本哺乳類学会賞受賞

ヒトとヒグマ—狩猟からクマ送り儀礼まで
岩波新書（新赤版）2059

2025年3月19日　第1刷発行

著　者　増田隆一（ますだりゅういち）

発行者　坂本政謙

発行所　株式会社　岩波書店
〒101-8002　東京都千代田区一ツ橋2-5-5
案内　03-5210-4000　営業部　03-5210-4111
https://www.iwanami.co.jp/

新書編集部　03-5210-4054
https://www.iwanami.co.jp/sin/

印刷製本・法令印刷　カバー・半七印刷

ISBN 978-4-00-432059-3　　Printed in Japan

岩波新書新赤版一〇〇〇点に際して

ひとつの時代が終わったと言われて久しい。だが、その先にいかなる時代を展望するのか、私たちはその輪郭すら描きえていない。二〇世紀から持ち越した課題の多くは、未だ解決の緒を見つけることのできないままであり、二一世紀が新たに招きよせた問題も少なくない。グローバル資本主義の浸透、憎悪の連鎖、暴力の応酬――世界は混沌として深い不安の只中にある。

現代社会においては変化が常態となり、速さと新しさに絶対的な価値が与えられた。消費社会の深化と情報技術の革命は、種々の境界を無くし、人々の生活やコミュニケーションの様式を根底から変容させてきた。ライフスタイルは多様化し、一面では個人の生き方をそれぞれが選びとる時代が始まっている。同時に、新たな格差が生まれ、様々な次元での亀裂や分断が深まっている。社会や歴史に対する意識が揺らぎ、普遍的な理念に対する根本的な懐疑や、現実を変えることへの無力感がひそかに根を張りつつある。そして生きることに誰もが困難を覚える時代が到来している。

しかし、日常生活のそれぞれの場で、自由と民主主義を獲得し実践することを通じて、私たち自身がそうした閉塞を乗り超え、希望の時代の幕開けを告げてゆくことは不可能ではあるまい。そのために、いま求められていること――それは、個と個の間で開かれた対話を積み重ねながら、人間らしく生きることの条件について一人ひとりが粘り強く思考することではないか。その営みの糧となるものが、教養に外ならないと私たちは考える。歴史とは何か、よく生きるとはいかなることか、世界そして人間はどこへ向かうべきなのか――こうした根源的な問いとの格闘が、文化と知の厚みを作り出し、個人と社会を支える基盤としての教養となった。まさにそのような教養への道案内こそ、岩波新書が創刊以来、追求してきたことである。

岩波新書は、日中戦争下の一九三八年一一月に赤版として創刊された。創刊の辞は、道義の精神に則らない日本の行動を憂慮し、批判的精神と良心的行動の欠如を戒めつつ、現代人の現代的教養を刊行の目的とする、と謳っている。以後、青版、黄版、新赤版と装いを改めながら、合計二五〇〇点余りを世に問うてきた。そして、いままた新赤版が一〇〇〇点を迎えたのを機に、人間の理性と良心への信頼を再確認し、それに裏打ちされた文化を培っていく決意を込めて、新しい装丁のもとに再出発したいと思う。一冊一冊から吹き出す新風が一人でも多くの読者の許に届くこと、そして希望ある時代への想像力を豊かにかき立てることを切に願う。

（二〇〇六年四月）